Klare Ziele, klare Grenzen

W0180066

EBOOK INSIDE

Die Zugangsinformationen zum eBook Inside finden Sie am Ende des Buchs.

Katja Mierke · Elsa van Amern

Klare Ziele, klare Grenzen

Teamorientiert Nein-Sagen
und Delegieren in der
Arbeitswelt 4.0

 Springer

Katja Mierke
Psychology School
Hochschule Fresenius für
Wirtschaft und Medien GmbH
Köln, Deutschland

Elsa van Amern
Institut für Mensch, Arbeit &
Psychologie
Königswinter, Deutschland

ISBN 978-3-662-56825-5   ISBN 978-3-662-56826-2   (eBook)
https://doi.org/10.1007/978-3-662-56826-2

Die Deutsche Nationalbibliothek verzeichnet diese Publikation in der Deutschen
Nationalbibliografie; detaillierte bibliografische Daten sind im Internet über http://
dnb.d-nb.de abrufbar.

Verantwortlich im Verlag: Marion Krämer
Illustrationen: Victoria Olböter

Springer ist ein Imprint der eingetragenen Gesellschaft Springer-Verlag GmbH, DE
und ist ein Teil von Springer Nature
Die Anschrift der Gesellschaft ist: Heidelberger Platz 3, 14197 Berlin, Germany

Vorwort

Die Welt dreht sich schnell und schneller, die *Digitalisierung* durchdringt in wachsendem Tempo immer mehr Bereiche und lässt für viele Felder völlig neue Arbeits- und Lebensentwürfe entstehen. Alte Berufsbilder fallen weg, mit neuen Branchen entstehen neue Möglichkeiten. Die *Arbeitswelt 4.0* ist durch einen hohen Grad an Komplexität und Dynamik gekennzeichnet, mit dem Unsicherheit und geringe Vorhersagbarkeit einhergehen. In vielen Gebieten veralten Wissen und Technologien in immer kürzeren Zyklen, lebenslange Weiterbildung und Umdenken oder gar Umschulen ist gefordert. Dafür öffnen sich Chancen, neue Wege zu gehen, neue Rollen zu finden, neue Arbeitsformen und Tätigkeiten auszuprobieren, Produkte oder Dienstleistungen neu zu denken oder anders zu platzieren. Vieles davon ist reizvoll, und beruflicher Erfolg ist es ebenfalls. Entsprechend sind viele Menschen bereit, Zeit und Energie in ihre Karriere zu investieren. Wir haben hohe Erwartungen an uns, und auch Kollegen, Mitarbeiter, Vorgesetzte, Kunden, nicht zuletzt Partner, Familie und Freunde haben Erwartungen. Manchmal passen diese Erwartungen zueinander und zur Gesamtsituation, manchmal nicht, und manchmal wird es insgesamt zu viel. Stress entsteht unter anderem, weil wir zu Anforderungen Ja sagen, zu denen wir eigentlich Nein sagen wollen. Wie kommt es dazu?

Im beruflichen Handeln können wir zeigen, wer wir sind. Wir können zeigen, was wir wissen, was wir können und wofür wir uns einsetzen möchten. Ob im Handwerk oder im Büro, in der Forschung oder in der Verwaltung, als Künstler, Krankenschwester, Lehrer oder Führungskraft sowie im Ehrenamt gestalten wir Produkte und Dienstleistungen, prägen, fördern und helfen Menschen. Dazu sagen wir gerne Ja. Neue Herausforderungen zu bewältigen, nicht stillzustehen, sondern sich zu entwickeln und voranzukommen macht Spaß und tut gut. Wir können uns als Teil eines Teams fühlen, als wertvolles Mitglied der Gesellschaft, unsere Fähigkeiten und Ideen einbringen. Wir bekommen Anerkennung für das, was wir zeigen. Auch dazu sagen wir Ja. Aber oft sagen wir damit Ja zu immer neuen Projekten, noch mehr Überstunden, noch einer Weiterbildung am Wochenende und noch einer vorgezogenen Deadline. Wer hier keine Grenzen setzt, schadet sich und anderen, auch den Kollegen, der Organisation, für die man das vermeintlich alles tut. Grenzen sind genauso elementar wie Möglichkeiten, um die eigene gesunde Leistungsfähigkeit und die Leistungsfähigkeit der Organisation zu erhalten, für alle Beteiligten, und im Sinne aller.

Es gibt zahllose Sachbücher und Ratgeber zur Stressbewältigung, die Führungskräften und Arbeitnehmern Tipps geben, wie sie durch Sport, Ernährung, Qualitätsfreizeit und Entspannungsverfahren fit für die schnelle neue Welt bleiben. Die meisten dieser Maßnahmen sind geeignet, Stress nachträglich zu einem gewissen Grad auszugleichen oder auch vorzubeugen, da sie die körperliche und psychische Widerstandskraft fördern. Dennoch bedeutet dies letztlich, seiner Liste ein weiteres To-do hinzuzufügen, Erwartungen und Anforderungen hinzunehmen und individuell mit den Folgen zurechtzukommen. Das halten wir nicht für die ideale Lösung.

Wer langfristig ausgewogen und erfüllt arbeiten und leben möchte, dem mag ein Grundverständnis davon helfen, wie Stress entsteht, wie Stabilisierung möglich ist und welche Rolle dabei eigene Wahrnehmungs- und Denkmuster spielen. Daher möchten wir im ersten Teil einen knappen Überblick über einige zentrale Ergebnisse der psychologischen Stressforschung geben.

Darauf aufbauend ist unser Modell der drei Ebenen gesunder Klarheit ein systemischer Ansatz für die Gestaltung von Sicherheit und Entwicklung in Organisationen, der das Individuum konsequent im Kontext betrachtet. Die drei Ebenen spiegeln sich als Teil II bis IV zugleich in der Struktur dieses Buches. Die erste Ebene bildet die innere Klarheit jedes Einzelnen, eng verzahnt mit einer gesunden Balance aus Anspannung und Entspannung. Es gibt Orientierung, sich eigener und fremder Erwartungen bewusst zu werden, persönliche Werte und Ziele zu identifizieren und zu ordnen. Die *Priorisierung* von Werten und Zielen und ein bewusster Umgang mit vorhandenen *Ambivalenzen* machen Entscheidungen möglich. Prioritäten liefern einen klaren Kurs, fokussieren Energie und bilden Leuchttürme in den manchmal wilden Wogen des Tagesgeschäfts. Dies heißt keineswegs, dass Ziele und Prioritäten, einmal gesetzt, ultimativ gültig sein und um jeden Preis zu Ende verfolgt werden müssen. Zielfindung ist kein linearer Prozess, sondern ein kontinuierlich iterativer: Sowie sich Veränderungen in der Umwelt ergeben, wenn sich der Wind dreht, Flaute herrscht oder ein Sturm aufkommt, ist eine Kurskorrektur sinnvoll, z. B. das Ansteuern einer anderen Insel, die leichter erreichbar und ähnlich attraktiv ist. Schon die Wikinger sollen gesagt haben: Über den Wind können wir nicht bestimmen, aber wir können die Segel richten. Mit Zielen kann man steuern, und Ziele müssen stets der aktuellen Situation angemessen sein. Das gelingt, wenn jeder persönlich die Ziele im Möglichkeitsraum – vor dem Hintergrund von Werten und Vision – immer wieder mit frischem Blick anpasst. Kurs zu halten und zugleich der Volatilität, der schnellen Veränderlichkeit der Umwelt, Rechnung zu tragen, erfordert guten Kontakt mit ebendieser Umwelt und mit dem Rest der Mannschaft auf dem Boot.

Dieser gute Kontakt bildet die zweite Ebene des Modells, äußere Klarheit in der direkten persönlichen Kommunikation mit Kollegen, Mitarbeitern und Vorgesetzten sowie mit Kunden oder Partnerfirmen. Eigene Werte und Ziele klar nach außen zu tragen, heißt Ja sagen wie auch Nein sagen, Verantwortung übernehmen, delegieren und Grenzen setzen. Kontinuierliches Feedback ist essenziell für eine erfolgreiche gemeinsame Ausrichtung im Handeln und für ein klares Verständnis dessen, was dem jeweils anderen wichtig ist. Klare Kommunikation ist möglich in einem von Akzeptanz und Respekt getragenen Dialog und fördert diesen gleichzeitig. Ein Nein zu einer konkreten Sache ist kombinierbar mit einem Ja zum Gesprächspartner, zum Team, zum Prozess oder zum Unternehmen. Klare Grenzen und klare Verbindungen machen sichtbar, wer in einer konkreten Situation wofür verantwortlich ist, was möglich und was nicht möglich ist. Transparenz darüber reduziert Unsicherheit, beugt Konflikten vor und schafft Klarheit im System. Damit kommen wir zur dritten Ebene.

Idealerweise ist ein Team oder eine Organisation dadurch gekennzeichnet, dass jeder sich gemäß seinen besonderen Fähigkeiten und Interessen optimal für das gemeinsame Ziel engagieren kann. In der Unterschiedlichkeit der Beteiligten wird für alle sichtbar, was jeder Einzelne leistet und beiträgt. Wertespannungen werden bewusst balanciert und geben Sicherheit im System. Führung agiert reflektierend, um *Agilität* und Stabilität angemessen zu ermöglichen. Man ergänzt sich und schätzt sich gegenseitig für das, was man kann. Transparenz verhindert nutzloses Konkurrenzgebaren und öffnet den Blick für gemeinsame Ziele und Wege, die flexibel für die jeweils aktuelle Situation ausgehandelt werden. In einer solchen Kultur der Offenheit und des Vertrauens können Kreativität und Innovation entstehen, echte *Synergie* und Entwicklung werden möglich.

Idealerweise gelingt also durch ausbalancierte klare Zielorientierung auf Ebene 1 und respektvolle klare Kommunikation auf Ebene 2 eine von Offenheit und Vertrauen getragene flexible Struktur innerhalb des Teams oder der Organisation auf Ebene 3. Dieses lebendige, wertschätzende Miteinander ist nach unserer Beobachtung nicht in allen Organisationen üblich. Die drei Ebenen sind eng verzahnt und ermöglichen Entwicklung nicht nur von innen nach außen, sondern auch von außen nach innen: Eine Kultur von Transparenz und Vertrauen im System Organisation wirkt zurück auf die Qualität der Kommunikation im direkten Kontakt der Akteure, ebenso wie auf das Individuum. Der Einzelne kann seine Fähigkeiten und Ideen nur gut in gemeinsame Arbeitsprozesse einbringen, wenn er die zwischenmenschliche Sicherheit spürt, die ein solches Klima im Kleinen wie im Großen vermittelt. Dies ist besonders bedeutsam in Zeiten schneller und weitreichender Veränderungsprozesse, in denen strikt nach Hierarchie und Abteilung gegliederte Organigramme und strategische Fernziele der Dynamik der Handlungsfelder kaum mehr angemessen scheinen.

In Summe können so über alle drei Ebenen hinweg stressverstärkende Denk-, Kommunikations- und Verhaltensmuster durchbrochen und Räume geschaffen werden, die den dahinterstehenden Bedürfnissen aller wieder besser gerecht werden: Sich im Arbeitskontext als handlungsfähig, kompetent, wertschöpfend und menschlich akzeptiert zu erleben und gemeinsam erfolgreich zu sein.

Köln und Königswinter   Katja Mierke
Mai 2018   Elsa van Amern

Danksagung

Wir danken Theresa Merholz und Ronja van Amern für ihre tatkräftige und sorgfältige Unterstützung bei der Formatierung des Manuskripts und der Erstellung des Glossars, in dem kursiv gesetzte Begriffe erläutert sind. Silke Lehrmann, Annemieke Strecker und Max Eliah Schulze-Vorberg lockten uns, die Perspektive zu wechseln und unterstützten uns durch wertvolle inhaltliche Anregungen. Danke auch an Victoria Olböter für die Anschaulichkeit, die sie durch ihre professionellen Illustrationen geschaffen hat. Persönlicher Dank seitens Katja Mierke gilt dem Dozententeam des IF Weinheim und allen Weggefährtinnen und Weggefährten aus Seminaren und Intervisionsgruppen, insbesondere der Supervisionsgruppe unter Leitung von Karin Nöcker, deren vielfältige Impulse nachhaltig systemisch inspiriert haben. Ein herzlicher Dank seitens Elsa van Amern gebührt

der nährenden lehrenden Quelle des SySt-Instituts
München. Der langjährige Austausch mit Insa Sparrer,
Elisabeth Ferrari und Matthias Varga-von Kibèd, neuer-
dings ergänzt durch Hélène Dellucci, sorgt persönlich und
beruflich für wundervolle lösungsfokussierte systemische
Inspiration.

Weiterhin danken wir Marion Krämer vom Springer-
Verlag, die den Anstoß zur Entstehung dieses Buches
gegeben hat, sowie Bettina Saglio, die den gesamten weiteren Prozess kontinuierlich konstruktiv unterstützt hat.

Ein besonderer Dank geht an die uns nächsten und
liebsten Menschen, die durch ihre Geduld, ihre Fürsorge
und ihr Verständnis den Raum gegeben haben, der uns
ermöglichte dieses Buch zu schreiben.

Inhaltsverzeichnis

Über die Autoren

Dipl.-Psych. Prof. Dr. Katja Mierke (rechts im Bild) ist Hochschuldozentin an der Psychology School der Hochschule Fresenius Köln (Fachbereich Wirtschaft und Medien), Systemische Beraterin sowie Trainerin und Coach für das IMAP Institut für Mensch, Arbeit & Psychologie. Als freie Wissenschaftsautorin zu vielfältigen Themen der Sozial-, Kommunikations-, Gesundheits- und Wirtschaftspsychologie legt sie großen Wert auf den wechselseitigen Transfer zwischen Forschung und Praxis.

Dipl.-Psych. Elsa van Amern (links im Bild) ist Coach, NLP Lehrtrainerin, systemische Beraterin und anthroposophische Kunsttherapeutin. Durch psychologische Diagnostik, Interventionsplanung, Umsetzung und Evaluation gestaltet sie seit 25 Jahren im Team mit ihren Kunden die Entwicklung von Menschen und Unternehmen. Als Inhaberin des IMAP Institut für Mensch, Arbeit & Psychologie verbindet sie Praxis und Forschung zur Lösung zwischenmenschlicher Herausforderungen in der Arbeitswelt.

Teil I

Stress – psychologische Grundlagen

1

Stresserleben und -bewältigung in einer VUKA-Welt

Der einzige Mensch, der sich vernünftig benimmt, ist mein Schneider. Er nimmt jedes Mal neu Maß, wenn er mich trifft, während alle anderen immer die alten Maßstäbe anlegen in der Meinung, sie passten auch heute noch.
(George Bernard Shaw)

Ein klarer Kopf, die persönlich richtige Mischung aus Spannung und Entspannung, ist die unverzichtbare Basis für klare Ziele und klare Grenzen. Lassen Sie uns daher in diesem ersten Kapitel einige zentrale Erkenntnisse der psychologischen Stressforschung zu den folgenden Fragen betrachten:

© Springer-Verlag GmbH Deutschland, ein Teil von Springer Nature 2019
K. Mierke und E. van Amern, *Klare Ziele, klare Grenzen*,
https://doi.org/10.1007/978-3-662-56826-2_1

Fragen

Wie entsteht Stress?
Welche Funktionen erfüllen körperliche Stressreaktionen und welche negativen Folgen hat dauerhafter Stress?
Weshalb ist die gleiche Situation manchmal Stress auslösend und manchmal spannend oder sogar erfreulich?
Welche Bewältigungsstrategien unterscheidet man und wann sind welche Bewältigungsstrategien sinnvoll?

Die moderne Arbeitswelt ist *VUKA, volatil* (unbeständig), unsicher, komplex und *ambig* oder ambivalent. Menschen müssen sich in hohem Tempo auf immer wieder neue Rahmenbedingungen und dynamisch miteinander in Wechselwirkung stehende Umweltfaktoren einstellen, Mehrdeutigkeit aushalten und Entscheidungen unter Unsicherheit treffen. Herausforderungen und Bedrohungen zu bewältigen, erfordert ein hohes Maß an *Agilität* und Flexibilität, und das kann mit Stress einhergehen. Geprägt wurde das *Akronym* VUCA am US Army War College Ende der 1980er-, Anfang der 1990er-Jahre, als sich das Ende der Sowjetunion und damit des Kalten Krieges anzudeuten begann (US Army Heritage and Education Center 2018). Verbreitung erlangte der Begriff nach dem Terroranschlag auf das World Trade Center vom 11.09.2001, da er schnell von der Wirtschaftswelt und anderen Gesellschaftsbereichen aufgegriffen wurde, in denen strategische Führung eine Rolle spielt.

Zweifellos ist das aktuelle Tempo der Veränderungen enorm, und diese Beschleunigung (Rosa 2012) und ihre

Auswirkungen erleben viele Menschen als sehr belastend. Allerdings war die Welt auch für unsere Vorfahren vor Zehntausenden von Jahren kaum ein Ort, der sich als vollständig transparent, vorhersagbar oder zweifelsfrei interpretierbar gezeigt hat. Nie wissend, wie der Winter wird und ob es in den nächsten Tagen Unwetter oder andere Naturkatastrophen gibt, dürfte eine verbindliche, langfristige Planung für die Menschen in der Frühzeit abwegig gewesen sein. Ebenso wenig war berechenbar, wann und wo genau ein Raubtier angreift, oder eindeutig, ob ein unheimliches Geräusch Gefahr ankündigt oder harmlos ist. Wir können davon ausgehen, dass unsere Spezies gut dafür ausgestattet ist, Unsicherheit auszuhalten und den resultierenden Stress zu nutzen, mit Veränderungen in der Umwelt konstruktiv umzugehen. Absolut wesentlich für den Erhalt gesunder Leistungsfähigkeit ist aus Sicht der Stressforschung allerdings, dass Stress und Entspannung in guter Balance stehen und auf starke Beanspruchung stets wieder ausreichende Erholung folgen kann (Kaluza 2015).

Ein weiterer wichtiger Punkt im modernen Stressverständnis ist, dass Stress weder als nur „von außen" verursacht gilt noch als „persönlichkeitsabhängig", sondern aus der Wechselwirkung zwischen Person und Situation entsteht. Dies sollen zum Einstieg die folgenden Fallbeispiele illustrieren. Weiter unten wird deutlich werden, dass auch dieselbe Person auf ähnliche Situationen keinesfalls immer gleich reagiert, sondern jedes Mal neu Maß nimmt, was sie subjektiv gerade bewältigen kann und was nicht.

Fallbeispiel 1.1

Lara ist den dritten Monat in der Firma, es ist ihre erste Stelle nach Abschluss des Studiums. Sie hat zwei Praktika absolviert, bei denen sie viel lernen konnte, und sie war ein Jahr im Ausland. Sie hatte einen guten Start. Im Team sind alle freundlich zu ihr, und ihre Teamleiterin scheint große Stücke auf sie zu halten, jedenfalls überträgt sie ihr schon jetzt wichtige Projekte. Zu Laras Aufgaben gehört es, selbstständig einige Kunden zu betreuen. Hier merkt sie, dass sie manchmal unsicher ist, weil ihr die Erfahrung fehlt. Sie hat zwar begonnen, die bisherigen Vorgänge zu sichten, aber sie ist noch lange nicht durch alle Unterlagen durch, und sie kennt die Kunden nur vom Telefon. Als sie am Montag früh ins Büro kommt, findet sie in ihrem Postfach die E-Mail eines Kunden vor. Offenbar ist letzte Woche irgendetwas schiefgelaufen, der Kunde wirkt sehr verärgert und kündigt an, im Laufe des Vormittags anzurufen. Lara sucht sich die Unterlagen heraus und guckt auf die Uhr, es ist jetzt 9:40 Uhr. Sie ahnt, um was es gehen könnte, aber sicher ist sie nicht. Hoffentlich gelingt es ihr, den Kunden zu beruhigen. Welchen Spielraum hat sie, wenn es um Zugeständnisse geht? Die Kollegin, mit der sie das mögliche Vorgehen besprechen könnte, hat heute bis nachmittags durchgehend Termine, ihre Vorgesetzte ist außer Haus und nicht erreichbar. Lara merkt, wie leichte Panik in ihr aufsteigt ...

Betrachten Sie im Unterschied dazu die folgende Variante:

Fallbeispiel 1.2

Mareike ist jetzt fast drei Jahre in der Firma. Sie ist von der Assistentin zur stellvertretenden Teamleiterin aufgestiegen und kennt das Tagesgeschäft mit all seinen Höhen und Tiefen. Ihr Aufgabenbereich macht ihr immer noch Spaß, aber manchmal ist es auch ein bisschen langweilig. Diese Woche ist die Teamleiterin auf einer Fortbildung, und Mareike soll den Kunden als Ansprechpartnerin zur Verfügung stehen. Als sie am Montag ins Büro kommt, findet sie in ihrem Postfach die E-Mail eines Kunden vor. Offenbar ist letzte Woche irgendetwas schiefgelaufen, der Kunde wirkt sehr verärgert und kündigt an, im Laufe des Vormittags anzurufen. Mareike hat keine Ahnung, worum es dabei gehen könnte, aber endlich passiert einmal etwas. Sie kennt den Kunden von zwei Terminen vor Ort, als sie ihre Teamleiterin zu einer Präsentation begleitet hat. Sie weiß, dass er nicht ganz leicht zu handhaben ist. Das ist eine spannende Herausforderung. Endlich kann sie zeigen, dass sie in schwierigen Situationen die Nerven behält, geschickt mit Menschen umgehen und Probleme eigenständig lösen kann ….

Lara und Mareike erleben eine sehr ähnliche Situation im beruflichen Alltag, in der eine Anforderung an sie gestellt wird. Sie reagieren jedoch ganz unterschiedlich. Der Pionier der Stressforschung, Hans Selye, definierte Stress bereits in seinen frühen Arbeiten aus den 1930er-Jahren sehr allgemein als „unspezifische Reaktion des Körpers auf jede Art von an ihn gestellte Anforderung" (Selye 1973, S. 692). Damit greift er die ursprüngliche Verwendung des Begriffs in der physikalischen Materialforschung auf, wo „stress" die Beanspruchung bezeichnet, die durch äußere Belastungen entsteht. Zum Beispiel führt häufiges Verbiegen eines Materials dazu, dass es unter Spannung gerät, brüchig oder spröde wird. Selye konnte in Tierversuchen zeigen, dass eine Vielzahl von unterschiedlichen Reizen wie Hitze, Kälte oder Schmerz im Organismus stets ähnliche, also unspezifische Reaktionsmuster hervorrufen, die er als allgemeines Anpassungssyndrom bezeichnete. Dazu gehören bei uns Menschen unter anderem ein erhöhter Puls und Blutdruck, beschleunigte Atmung und die Ausschüttung von Hormonen wie Adrenalin und Noradrenalin. Diese körperlichen Reaktionen werden im vegetativen Nervensystem vom *Sympathikus* gesteuert und sind aus evolutionärer Sicht absolut sinnvoll und potenziell lebensrettend: Angesichts einer Bedrohung wird damit die Sauerstoffversorgung des Gehirns verbessert, die Wahrnehmung geschärft und die Muskulatur besser durchblutet. Das Immunsystem arbeitet vorübergehend auf Hochtouren, Verdauungstätigkeit, Schmerzempfindlichkeit und andere Funktionen werden zwischenzeitig gedrosselt. Es wird also Energie bereitgestellt, und der Körper erhöht seine Reaktionsbereitschaft, um schnell und effektiv kämpfen oder fliehen zu können („fight-or-flight"; vgl. Kaluza 2015).

Eine dritte Reaktion, das sogenannte „freezing", ist im Gegensatz dazu durch eine reduzierte Herzfrequenz und eine reduzierte Mobilität bis hin zur tonischen Immobilität (umgangssprachlich „Schreckstarre" oder „Totstellreflex") gekennzeichnet. Freezing tritt auf, wenn Kampf oder Flucht als Verteidigung nicht möglich scheinen, und wird auch bei Menschen infolge von Traumatisierung beobachtet (Levine 2011; vgl. auch das Phänomen der erlernten Hilflosigkeit). Teils berichten Menschen, dass sie die Situation dann wie in Zeitlupe oder aus einer Beobachterperspektive erleben. Auch das kann kurzfristig noch funktional sein, um weitere Möglichkeiten des Selbstschutzes zu erkunden. Mit dem Lösen der Starre kommt es dann typischerweise zu einem Energieschub, der sich in unkontrolliertem Zittern entlädt oder im Tierreich dem Beutetier eine überraschende Flucht ermöglicht, wenn das Raubtier kurz unaufmerksam ist.

Als weiteres mögliches Reaktionsmuster identifizierten Taylor et al. (2000) „tend-and-befriend". Sie argumentieren, dass die biologische Stressforschung jahrzehntelang kaum weibliche Säugetiere untersucht hat, um den Störfaktor Hormonschwankungen zu kontrollieren. Weibliche Säugetiere sind häufig durch Schwangerschaft oder zu schützenden Nachwuchs eingeschränkt, sodass Kampf oder Flucht wenig Erfolg versprechend scheinen. Stattdessen versuchen sie, einerseits ihre Jungen angesichts von Gefahren durch körperliche Nähe zu beruhigen und andererseits auch untereinander durch Gruppenzusammenhalt und Zuwendung Stress zu reduzieren. Dieser Strategie des Aufsuchens und Gebens von sozialer Unterstützung liegt mit dem Bindungshormon Oxytocin ebenfalls eine physiologische Basis zugrunde. Sie hilft Männern übrigens genauso gut beim Umgang mit Stress wie Frauen, Frauen nutzen sie lediglich häufiger, was u. a. an tradierten gesellschaftlichen Rollennormen und an Unterschieden in der wahrgenommenen Kontrollierbarkeit von Ereignissen liegen mag (z. B. Matud 2004).

Den Gegenspieler des *Sympathikus* im vegetativen Nervensystem bildet der *Parasympathikus*. Er ist für Entspannung und Erholung des Organismus zuständig. Parasympathische Aktivierung reduziert beispielsweise die Herzfrequenz und erhöht die Sekretion im Verdauungstrakt, sodass der Körper sich in Ruhe regenerieren kann.

> **Wichtig**
> Beide Systeme, das sympathische und das parasympathische, sorgen gemeinsam für die Feinabstimmung zahlloser Funktionen im Körper, ergänzen einander und erhalten so ein dynamisches Gleichgewicht aufrecht. Insgesamt ist Stress an sich keineswegs physiologisch schädlich, vorausgesetzt, dass die aufgebaute Anspannung wieder vollständig abgebaut werden kann und Entspannung folgt.

Ein moderater Grad an physiologischer Aktivierung ist sogar leistungsförderlich. Das Yerkes-Dodson-Gesetz von 1908 postuliert einen seither vielfach in Studien belegten umkehrt u-förmigen Zusammenhang zwischen physiologischer Erregung und (Lern-)Leistung (Abb. 1.1): Bei

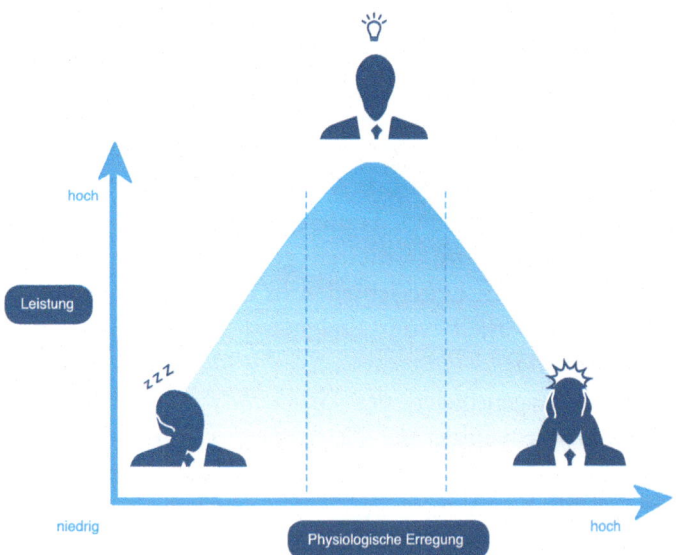

Abb. 1.1 Beziehung zwischen physiologischer Erregung und Leistungsfähigkeit: Das Yerkes-Dodson-Gesetz nach Yerkes und Dodson (1908; eigene Darstellung)

sehr niedriger Aktivierung ist auch die Leistung gering, bei mittlerer Aktivierung erreichen wir unsere maximale Leistungsfähigkeit, bei sehr hoher Aktivierung fällt die Leistung wieder ab. Dies können die meisten Menschen leicht anhand von Erfahrungen mit Prüfungen, Bewerbungsverfahren oder wichtigen Präsentationen nachvollziehen: Ein gewisses Lampenfieber wirkt sich günstig aus, man läuft zur Hochform auf. Wenn der Stress allerdings überhandnimmt, leidet die *Performance,* im Extremfall kann es zu einem Blackout kommen.

Studien zeigen, dass ein überhöhter Spiegel der unter langanhaltendem Stress ausgeschütteten Hormone, insbesondere Kortisol, das Immunsystem schwächt, den Wahrnehmungsraum einengt, das Gedächtnis beeinträchtigt und auch das Erleben von *Flow* verhindert. *Flow* bezeichnet den subjektiv angenehmen Zustand hoher, anstrengungsloser Konzentriertheit und völligen Aufgehens in einer Tätigkeit, die ein optimales Anforderungsniveau aufweist. Die Beziehung zwischen Kortisol und *Flow* ähnelt dabei dem umgekehrt u-förmigen Verlauf, den das Yerkes-Dodson-Gesetz beschreibt (Peifer et al. 2014). Dauerstress schädigt das Nervensystem, Gefäße und Organe, z. B. durch chronischen Bluthochdruck. Menschen fühlen sich buchstäblich überreizt und beginnen – ein Selbstschutzmechanismus – sich abzuschotten. Im Arbeitsalltag äußert sich das als Ungeduld und erhöhte Reizbarkeit, Rückzug, mangelndes Interesse an den Belangen der Kollegen und starke Einschränkung des Fokus sowie als Konzentrationsprobleme und andere kognitive Symptome, die die Leistungsfähigkeit einschränken und Vorboten eines *Burnoutsyndroms* sein können (s. Kaluza 2015).

Gut erforscht sind auch die Konsequenzen von Stress auf Entscheidungsprozesse (einen umfassenden Überblick geben Starcke und Brand 2012). Hier zeigt sich, dass unter Stress das Gedächtnis sowie insgesamt die höheren – rationalen und strukturierenden – kognitiven Funktionen beeinträchtigt sind und Entscheidungen daher eher im archaischen, für Emotionen zuständigen System getroffen werden. Hier steht die kurzfristige Belohnung im Vordergrund. Man stützt sich im Entscheidungsprozess auf stark vereinfachende kognitive Faustregeln oder *Heuristiken* anstatt auf aufwendigere Analysen komplexer Zusammenhänge. Je nachdem, welche Art von Entscheidung gefragt ist, kann deren Qualität also unter Stress deutlich leiden (vgl. Starcke und Brand 2012). Es wäre dann ratsam, Bedenkzeit zu erbitten (Kap. 5).

Indem Selye (1973) sich auf Stress als allgemeine Anpassungsreaktion konzentrierte, ging er davon aus, dass stressauslösende äußere Reize, auch *Stressoren* genannt, auf alle Menschen ähnlich wirken. Diese Auffassung gilt heute als veraltet, weil sie einen ganz wichtigen Punkt vernachlässigt: die persönliche Bedeutung, die wir einem Reiz beimessen. Ähnlich wie beim Zustandekommen von Emotionen hängt vieles davon ab, wie wir einen Stimulus oder auch eine ggf. ausgelöste körperliche Stimulation deuten (z. B. Herzklopfen als Vorfreude oder als Angst). Die Sinneswahrnehmungen sind neutral. Erst durch die assoziative Verbindung der Wahrnehmungen mit den Vorerfahrungen in einem thematischen Kontext entsteht die individuelle Wirkung und Wertung. Jeder Mensch hat andere persönliche Bedingungen und Vorerfahrungen und kontextabhängig unterschiedliche *Assoziationen,* dadurch unterscheiden sich Wirkungen und Wertungen (Watzlawick et al. 2013; Kap. 9).

Es sind entsprechend nicht die Reize selbst, die Stress auslösen, sondern es kommt drauf an, wie man diese Reize wahrnimmt und interpretiert. Was den einen stresst, empfindet der andere als Herausforderung, wie die Fallgeschichten von Lara und Mareike veranschaulicht haben. Ein und dieselbe Situation kann als bedrohlich oder als spannend empfunden werden, je nachdem, wie viel Erfahrung, Kompetenz sowie momentane zeitliche und sonstige *Ressourcen* wir mitbringen – oder mitzubringen glauben. Und dadurch ist eine Situation letztlich nie für zwei Menschen die gleiche.

Wichtig

Stress ist weder allein durch die Situation noch allein durch die Person verursacht. Stresserleben entsteht an der Schnittstelle zwischen Mensch und Umwelt, ist also das Ergebnis einer komplexen Wechselwirkung und damit stets subjektiv.

Die Psychologen Lazarus und Folkman (1984; s. auch Lazarus 1966, 1974, 1991) haben auf Basis umfassender Interviews, Fragebogen- und Laborstudien ihr Transaktionales Stressmodell entwickelt, das bis heute als das psychologische Stressmodell gilt. Sie gehen davon aus, dass stets die spezifische Wechselwirkung zwischen Person und Situation entscheidend dafür ist, ob Stress entsteht oder nicht. Entsprechend kann ein und derselbe Reiz – wie das anstehende Telefonat bei Lara und Mareike –

völlig unterschiedliche Auswirkungen haben. Ausschlaggebend ist, wie gut wir uns aktuell in der Lage sehen, die an uns gestellten Anforderungen zu bewältigen. Diese Einschätzung ist ein komplexer Prozess, der in Abb. 1.2 veranschaulicht ist. Stellen wir uns vor, eine Person wird mit einem potenziell stressauslösenden Reiz konfrontiert. Klassische Stressauslöser im Job sind Zeitdruck, hohe Unsicherheit oder als ungerecht erlebte Kritik.

Dem Modell zufolge schätzen wir einen Reiz zunächst daraufhin ein, ob er für uns von Bedeutung ist, ob er für unsere aktuellen Ziele und unser Wohlbefinden im Allgemeinen zuträglich, abträglich oder irrelevant ist.

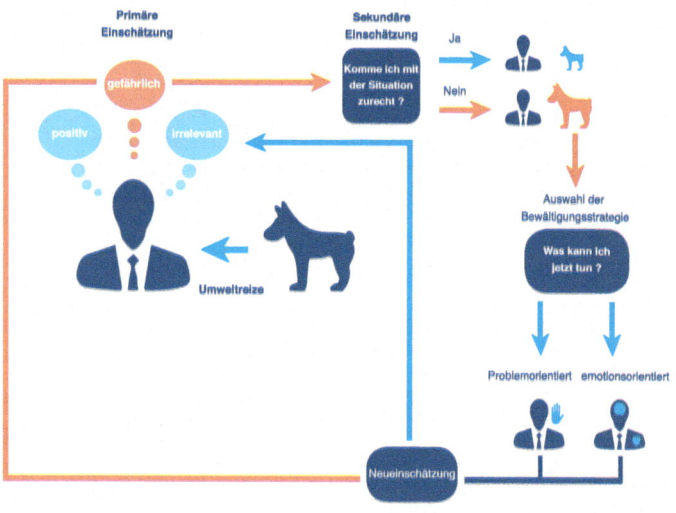

Abb. 1.2 Transaktionales Stressmodell nach Lazarus und Folkman (1984; eigene Darstellung)

Angenommen Sie sind mit einem neuen Kollegen in dessen Büro verabredet und sehen beim Betreten des Raums, dass er offenbar seinen Hund mitgebracht hat. Im Normalfall wird dies ein irrelevanter Reiz sein. Sie werden also die Anwesenheit des Hundes vielleicht mit einer freundlichen Bemerkung kommentieren und ihm weiter keine Bedeutung zumessen. Wenn Sie hingegen Hunde ausgesprochen gern mögen, freuen Sie sich, werden vielleicht auf das Tier zugehen und es streicheln, zumal Sie damit die Sympathie des neuen Kollegen gewinnen können. Es besteht aber auch in diesem Fall weiter kein besonderer Handlungsbedarf, der potenzielle *Stressor* wird als positiv bewertet. Wenn Sie allerdings eine schwere Tierhaarallergie haben und befürchten, auf jedes Hundehaar mit einem Asthmaanfall zu reagieren, stellt die Situation für Sie eine ernsthafte Gefahr dar.

Kommen Sie zu dieser dritten Einschätzung, so werden Sie dem Modell zufolge in einem nächsten Schritt einschätzen, wie gut Sie gerüstet sind, diese kritische Situation erfolgreich zu lösen. Bei dieser sekundären Einschätzung lenken wir den inneren Blick darauf, was wir an Erfahrung, Fähigkeiten, Unterstützung durch andere, Zeit und sonstigen Mitteln (z. B. Asthmaspray) zur Verfügung haben, um die an uns gestellten Anforderungen zu bewältigen. Auch hier kommt es in den meisten Fällen nicht darauf an, welche *Ressourcen* einer Person tatsächlich „objektiv" zur Verfügung stehen, sondern wie sie deren Verfügbarkeit und Wirksamkeit subjektiv einschätzt.

Hier spielen zum einen überdauernde Einstellungen und Persönlichkeitsmerkmale eine Rolle, zum anderen *situative* Einflussfaktoren wie Stimmung, kognitive

Prozesse oder konkrete äußere Umstände. Bei den personenbezogenen Faktoren sind besonders zu nennen: der generelle Optimismus, dessen weitreichender Einfluss auf Gesundheit und Wohlbefinden *empirisch* gut belegt ist (einen Überblick geben Scheier und Carver 1992), sowie die allgemeine *Selbstwirksamkeitserwartung.*

Unter *Selbstwirksamkeitserwartung* (engl. self-efficacy) versteht Bandura (1977) die Überzeugung, eine Herausforderung meistern und dafür erforderliche Handlungen aus eigener Kraft erfolgreich ausführen zu können. Barack Obama hat diese Überzeugung in seiner berühmten Rede nach der gewonnenen US-amerikanischen Präsidentschaftswahl 2008 mit der Wendung „Yes we can" prägnant zum Ausdruck gebracht. Bandura (1977) argumentiert, dass mit höherer *Selbstwirksamkeitserwartung* auch die reale Erfolgswahrscheinlichkeit steigt: Je höher die *Selbstwirksamkeitserwartung,* desto eher investieren wir Zeit und Energie in die Aufgabe und engagieren uns überhaupt in Bewältigungsverhalten. Wir sind persistenter, also bleiben beharrlicher am Ball, und lassen uns weniger von auftretenden Schwierigkeiten einschüchtern. Der resultierende Erfolg erhöht die *Selbstwirksamkeitserwartung* weiter und verringert defensive Verhaltensmuster wie Resignation.

Bandura (1977) identifiziert auf Basis zahlreicher *empirischer* Untersuchungen vier wesentliche Quellen für die *Selbstwirksamkeitserwartung:*

- eigene Erfolgserlebnisse (Vorerfahrungen aus vergleichbaren früheren Situationen),
- stellvertretende Erfahrungen (z. B. durch Beobachtung wie beispielsweise Kollegen oder Vorgesetzte mit ähnlichen Herausforderungen umgehen),

- verbale Überzeugung (z. B. ermutigender Zuspruch),
- körperliche Rückmeldung (*Bodyfeedback*, z. B. körperliche Empfindungen wie physiologische Erregung, ein flaues Gefühl im Magen, hoher Puls).

Während eigene vergangene Erfahrungen und erfolgreiches Beobachtungslernen aus wirksamem Umgang anderer mit Herausforderungen allgemein die Erfolgserwartung steigern, sind verbale Ermutigungen (durch andere oder durch *Selbstinstruktion*) sowie der aktuelle körperliche Zustand eher *situativen* Einflüssen unterworfen. So fühlen sich die meisten Menschen weniger stabil und „verwundbarer", wenn sie körperlich oder emotional erschöpft oder gesundheitlich angeschlagen sind. Damit kann die *situative Selbstwirksamkeitserwartung* herabgesetzt sein.

Mareike ist an dem in Fallbeispiel 1.2 beschriebenen Montagmorgen ausgeschlafen und erholt vom Wochenende und auf dem Weg zum Büro hatte sie noch einen netten Schwatz mit einem Kollegen. Einmal angenommen, es sei Donnerstag und die Woche war anstrengend, Mareike schleppe zudem eine Erkältung mit sich herum und habe morgens im Stau gestanden: Sie hätte wahrscheinlich mit deutlich weniger Gelassenheit und Vorfreude auf die E-Mail reagiert. Vielleicht hätte sie sich in dieser Situation ähnlich gefühlt wie Lara: unsicher, überfordert und alleingelassen – also mit einer deutlich geringeren *situativen Selbstwirksamkeitserwartung* in Bezug auf eine erfolgreiche Handhabung des Telefonats mit dem verärgerten Kunden. Die Ereignisse der Woche, die Erkältung und der Zeitverlust durch den Stau hätten Mareike in dieser Variante also dünnhäutiger gemacht, als sie es sonst wäre.

In ähnlicher Weise werden wir unter Umständen durch wetter- oder hormonbedingte Stimmungsschwankungen, Kopfschmerzen und Ähnliches in unserer *situativen Selbstwirksamkeitserwartung* beeinträchtigt und fühlen uns dann Herausforderungen weniger gewachsen. Es geht also nicht nur darum, dass die gleiche Situation unterschiedlich auf Menschen wirkt, weil der eine eben zäh und hart im Nehmen ist und der andere ein Sensibelchen. Menschen sind grundsätzlich interindividuell unterschiedlich anfällig für Stress, aber niemand ist immer und überall gleich belastbar. Vielmehr kommt es zusätzlich darauf an, in welcher Verfassung wir uns aktuell befinden. Wenn wir einschätzen, wie gut wir uns einer Situation gewachsen fühlen, beziehen wir zahlreiche unterschiedliche Arten von Informationen mit ein und integrieren diese in unser Urteil.

Das gilt auch für die Einschätzung externer *Ressourcen* oder sonstiger Optionen, zum Beispiel ob Unterstützung durch Kollegen verfügbar oder eine Fristverlängerung möglich ist, wenn wir fürchten, den Termin für unser Projekt nicht halten zu können. Wieder prägen unsere momentane Stimmung und körperliche Verfassung die Einschätzung der Lage. Darüber hinaus können kognitive Prozesse wie Priming oder die Anwendung von *Heuristiken* eine Rolle spielen.

Priming bezeichnet die oft nicht bewusste Anbahnung von *Assoziationen* durch kürzlich wahrgenommene Reize oder durch kürzlich aktivierte Gedächtnisinhalte. Sieht man z. B. einen Gegenstand oder denkt an ihn, wird die mentale Repräsentation des entsprechenden Konzepts aktiviert, Neuronen „feuern". Eine Grundannahme ist, dass sich ein Teil dieser neuronalen Aktivierung ohne bewusstes Zutun auf benachbarte, verknüpfte Repräsentationen ausbreitet (z. B. Brot-Butter; Sommer-Sonne; warm-kalt). Durch diese Aktivierungsausbreitung bewirkt ein Prime-Reiz, dass die Aktivierungsschwelle für einen damit assoziierten Zielreiz vorübergehend gesenkt ist, da dieser schon leicht voraktiviert ist. Daher kann der Zielreiz vorübergehend leichter, schneller oder fehlerfreier verarbeitet werden. Prime-Reize können unter anderem Bilder, Text, Musik, ein Geruch oder ein erinnertes oder vorgestelltes Ereignis oder Konzept sein. Die erleichterte Aktivierbarkeit eines angebahnten Zielkonzepts erhöht seine kognitive Verfügbarkeit und kann auch zur Folge haben, dass es eher zur Interpretation zweideutiger Situationen herangezogen wird. Neuere Studien zeigen zudem Effekte von Priming auf spontanes Verhalten (einen Überblick geben z. B. Janiszewski und Wyer 2014).

Bleiben wir bei dem Beispiel, dass wir fürchten, unseren Projekttermin nicht einhalten zu können. Haben wir gerade zufällig in den Medien über einen Fall von Fristverlängerung gelesen, wäre das Konzept Fristverlängerung „geprimt". Diese Voraktivierung erhöht per se die Chance, dass uns die Idee einer Fristverlängerung in den Sinn kommt – und zwar völlig unabhängig davon, ob der Kontext irgendwelche Ähnlichkeiten zu unserer Lage aufweist oder nicht. Priming als erleichterte Aktivierung von Gedankeninhalten kann so Effekte auf unsere Einschätzung der Handhabbarkeit einer Situation haben.

Dass uns etwas leicht in den Sinn kommt, also kognitiv hoch verfügbar ist, kann sich noch auf anderem Wege auf unser Urteil auswirken. Angenommen, wir denken ohnehin bereits über Fristverlängerung als Option nach und versuchen, die Chancen einzuschätzen, dass das gelingt. Hatten wir jüngst per Zufall zwei alte Projektberichte auf dem Schreibtisch, in denen Fristen verlängert wurden, fallen uns diese Beispiele mühelos ein. Wir bewerten die Chance für Fristverlängerungen dann als allgemein hoch, weil wir glauben, dass uns sicher ähnlich mühelos noch viele weitere Beispiele einfallen würden. In einem solchen Fall wenden wir die sogenannte Verfügbarkeitsheuristik an. Sie besagt, dass die wahrgenommene Auftretenshäufigkeit von Dingen oder Ereignissen stark davon abhängt, wie subjektiv leicht wir Beispiele dafür aus dem Gedächtnis abrufen können (Tversky und Kahneman 1974). Anstatt unser Gedächtnis aufwendig weiter abzusuchen, schließen wir aus der erlebten Leichtigkeit oder Flüssigkeit des Abrufs, dass wir noch zahllose weitere Beispiele anführen könnten, diese also häufig sind. Es geht hier nicht um eine rational begründete Folgerung aus der vergangenen Erfahrung, sondern um eine – meist, aber nicht immer hilfreiche – allgemeine *Heuristik* oder „kognitive Faustregel". Das Gefühl von mentaler Verarbeitungsflüssigkeit lässt sich auch experimentell manipulieren und wirkt sich nachweislich in vielen Bereichen auf menschliche Urteile und Verhalten aus (Unkelbach und Greifeneder 2013; einen leicht verständlichen Überblick über kognitive Verzerrungen und *Heuristiken* im Alltag gibt Dobelli 2012).

Wir müssen also davon ausgehen, dass kognitive Prozesse wie Priming oder die Nutzung von *Heuristiken* dazu beitragen, ob wir ein Ereignis im Rahmen des Modells von Lazarus und Folkman (1984) als Schaden, als noch abwendbare Bedrohung oder als zu bewältigende Herausforderung einschätzen. Obwohl diese Prozesse erst im Rahmen der Einschätzung der Bewältigungsressourcen stattfinden, beeinflussen sie zugleich die Einschätzung des Reizes selbst.

> **Wichtig**
>
> Lazarus und Folkman (1984) betonen, dass die primäre Einschätzung des potenziell stressauslösenden Reizes und die sekundäre Einschätzung der Bewältigungsressourcen nicht seriell und schon gar nicht voneinander unabhängig ablaufen, sondern durch Rückkopplungsprozesse ständig zueinander in Wechselwirkung stehen. Sie finden also eher parallel statt und beeinflussen sich gegenseitig.

So erklärt sich auch die von Bandura angenommene positive Spirale, dass eine hohe *Selbstwirksamkeitserwartung* häufig gewissermaßen zur sich selbsterfüllenden Prophezeiung wird, weil ein hohes Zutrauen in die eigenen Fähigkeiten aufgrund veränderter Bewältigungsstrategien auch den tatsächlichen Erfolg fördert. In ähnlicher Weise postulieren die Organisationspsychologen Locke und Latham (1990) einen „High Performance Cycle": Wer eine hohe *Selbstwirksamkeitserwartung* mitbringt, wird auch höhere

Ansprüche an sich selbst entwickeln und sich hohe Ziele stecken, also eher schwierigere, herausfordernde Aufgaben wählen. Werden diese dann tatsächlich erfolgreich gemeistert, stärkt dies wiederum die *Selbstwirksamkeitserwartung* und so fort. Dass solche selbstverstärkenden Prozesse auch von Priming und der kognitiven Verfügbarkeit von Erfolgsbeispielen profitieren, liegt nahe.

Ein mit der *Selbstwirksamkeitserwartung* eng verwandtes Konstrukt ist das der wahrgenommenen Kontrolle über die Umwelt, die sogenannte generalisierte *Kontrollerwartung* (Rotter 1966). Rotter zufolge verallgemeinern Menschen aus bisherigen Lernerfahrungen heraus eine Grundhaltung, die die Kontrolle über das, was im eigenen Leben geschieht, entweder in der Person selbst verortet oder in der Umwelt. Eine *internale* Kontrollüberzeugung entspräche der Überzeugung, durch die eigenen Fähigkeiten und das eigene Verhalten wesentliche Aspekte seines Lebens beeinflussen und Pläne realisieren zu können („Es liegt in meiner Hand"). Eine *externale* Verortung von Kontrolle in der Umwelt lässt sich weiter differenzieren in eine fatalistische Form („Das ist Schicksal, man hat entweder Glück oder Pech im Leben") und ein Gefühl eher weltlicher Machtlosigkeit, die den Einfluss mächtigen Personen wie Politikern, Eltern, Lehrern, dem Vorstand oder anderen Autoritäten zuschreibt („Die da oben machen mit uns kleinen Leuten doch eh, was sie wollen").

Selbstwirksamkeitserwartung und generalisierte Kontrollüberzeugung unterscheiden sich konzeptuell und auch *empirisch.* So sagt die *Selbstwirksamkeitserwartung* in einschlägigen Studien eher die Ausformung einer Verhaltensabsicht vorher, wohingegen die *internale*

Kontrollüberzeugung der bessere Prädiktor für eine tatsächlich erfolgreiche Umsetzung dieser Verhaltensabsicht ist (Ajzen 2002). Beide weisen aber offenkundig in verschiedener Hinsicht Ähnlichkeiten auf und hängen in Studien deutlich positiv miteinander zusammen (Judge und Bono 2001). Es liegt nahe, dass die wahrgenommene Kontrolle über eine Situation nicht nur einen Einfluss darauf hat, wie wir diese einschätzen, sondern auch darauf, wie wir uns dann verhalten.

> **Wichtig**
>
> Lazarus und Folkman (1984; s. a. Lazarus 1966, 1991; Schwarzer 2004) unterscheiden für den Umgang mit Stress zwei Arten von Bewältigungsstrategien: eher problemorientierte und eher emotionsorientierte. Problemorientierte „direct action" ist handlungsorientiert und setzt an der Veränderung des realen Verhältnisses zur Situation an, emotionsorientierte oder „palliative Aktivitäten" (Lazarus 1966) dienen vorrangig dazu, das eigene Befinden zu verbessern. Für welche wir uns entscheiden, hängt maßgeblich davon ab, wie stark wir das Gefühl haben, die Situation kontrollieren zu können, ob also *internale* oder *externale* Kontrollüberzeugung überwiegt.

Halten wir eine Situation für beeinflussbar, ist es sinnvoll und somit auch eher der Fall, dass wir problemorientierte Bewältigungsstrategien bevorzugen. Diese zielen darauf ab, die problematische Situation so zu verändern, dass deren Stresspotenzial deutlich reduziert wird. Dazu gehört zum Beispiel gute Zeitplanung, die Suche nach Unterstützung durch technische Hilfsmittel oder durch Kollegen, die einen beraten oder einen Teil der Aufgaben übernehmen können. Längerfristig gesehen ist auch der Ausbau der eigenen Fachkompetenzen durch Weiterbildung zu nennen. Wenn wir allerdings das Gefühl haben, die Stressursache gar nicht wirklich verändern oder kontrollieren zu können, greifen wir sinnvollerweise eher zu emotionsorientierten Strategien. Deren Ziel ist es in erster Linie, subjektiv besser mit den Gegebenheiten zurechtzukommen. Dazu kann gehören, soziale Unterstützung wie ein offenes Ohr und Trost zu suchen, die Situation in neuem Licht zu interpretieren (sogenanntes Reframing, vgl. auch die Neueinschätzung im Modell von Lazarus und Folkman 1984, Abb. 1.2) oder mit Humor zu nehmen, eine akzeptierende Haltung zu entwickeln, Stabilität im Glauben zu finden, die Situation durch Drogen- oder Alkoholkonsum vorübergehend auszublenden, sich durch Aktivitäten abzulenken, die Situation zu verdrängen oder sich körperlich z. B. durch Entspannungsverfahren zu beruhigen (vgl. Carver et al. 1989).

Es wird deutlich, dass man weiterhin zwischen funktionalen und weniger funktionalen Bewältigungsstrategien unterscheiden kann. Akzeptanz oder Reinterpretation sind bei einem unabänderlichen Ereignis sicher zielführender, als die Gedanken in Alkohol zu ertränken. Beides sind emotionsorientierte Formen der Stressbewältigung. Angenommen es sei ein anstehender Personalabbau angekündigt und ein Mitarbeiter habe Angst vor einem möglichen Arbeitsplatzverlust. Der „palliative" Griff zur Flasche könnte hier sogar einen Beitrag dazu leisten, dass das gefürchtete Ereignis eher eintritt. Die Chancen, den Arbeitsplatz zu verlieren, steigen, wenn der Mitarbeiter häufig verkatert zur Arbeit kommt und eine schlechtere

Leistung erbringt, im Extremfall Fehltage entstehen oder er bereits während der Arbeitszeit trinkt. Akzeptanz und Gespräche mit Freunden und Familie würden helfen, die wahrgenommene Bedrohung emotional besser zu verarbeiten. Am zielführendsten und funktionalsten wäre hier eine problemorientierte Bewältigungsstrategie, die an der Situation ansetzt. Hierzu würde z. B. gehören, sich bereits auf dem Stellenmarkt umzusehen, Bewerbungsunterlagen vorzubereiten und so fort.

Das stabilisiert zugleich die wahrgenommene Kontrollierbarkeit und Handhabbarkeit der Situation und begünstigt damit in der dritten Stufe des Modells von Lazarus und Folkman (1984) eine Neueinschätzung der Lage als Chance, sich beruflich noch einmal positiv zu verändern. Diese gilt sowohl als Teil des Bewältigungsprozesses wie auch als Einflussfaktor auf die primäre und sekundäre Einschätzung in künftigen, ähnlichen Situationen. Diese werden z. B. nach einer positiven Erfahrung eher als Herausforderung denn als Bedrohung wahrgenommen und lösen somit von vornherein weniger Stress aus.

> **Wichtig**
>
> Problemorientierte und emotionsorientierte Bewältigungsstrategien schließen sich keineswegs aus. Gerade in schwierigen Situationen nutzen Menschen häufig beides in Kombination, und manche Strategien beinhalten direkt beides. Das Gespräch mit anderen kann beispielsweise dazu beitragen, Mut zu fassen (emotionsorientierte, soziale Unterstützung), aber auch neue Perspektiven zu entwickeln und die wahrgenommenen

Handlungsmöglichkeiten zu erweitern, weil die Gesprächspartner vielleicht sogar konkrete Informationen zu offenen
Stellen haben (problemorientierte, instrumentelle Unterstützung).

Neben der wahrgenommenen Kontrollierbarkeit spielt
es für die Wahl der Strategie eine große Rolle, ob wir in
unserer Umwelt positive Rollenmodelle haben oder über
eigene Erfahrungen mit dieser Art von Anforderung verfügen, auf die wir zurückgreifen können. Ist das nicht der
Fall, wie für Lara in unserem Fallbeispiel, werden wir die
Situation viel eher als Bedrohung wahrnehmen. Kommen
wir jedoch zu dem Schluss, dass uns einige *Ressourcen* zur
Verfügung stehen, so fühlen wir uns der Situation eher
gewachsen. Mareike gelingt es leicht, das bevorstehende
Telefonat mit dem aufgebrachten Kunden als spannende
Herausforderung zu sehen, weil sie die Erfahrung gemacht
hat, dass sie auch in schwierigen Situationen Gespräche
gut führen kann, und weiß, dass ihre Teamleiterin im
Zweifel auf ihrer Seite stehen wird. Sie ist zuversichtlich,
dass sie es schaffen wird, zumindest, wenn sie zum konkreten Zeitpunkt in guter Verfassung ist und nicht bereits von
der Woche erschöpft oder gesundheitlich angeschlagen.

Tipp

Nehmen Sie sich einen Moment Zeit und gehen Sie gedanklich Ihre letzte Arbeitswoche durch. Welche Situationen
gab es, die Sie als Stress erlebt haben? Bitte lassen Sie Ihre
Gedanken in die weitere Vergangenheit schweifen und
lassen Sie sich überraschen, welche Situation aus Ihrer

Erinnerung auftaucht, in der Sie einen ähnlichen *Stressor* erfolgreich „entschärft" haben. Wie ist Ihnen das damals gelungen? Wie könnten Sie Ihren Erfolg von damals heute nutzen?

Welche Situationen gab es letzte Woche, die Sie als positive Herausforderung eingestuft haben? Wie haben Sie es ermöglicht, dass Sie diese Situation so zuversichtlich wahrgenommen haben? Welche Ihrer Stärken haben Sie genutzt?

Haben Sie problem- oder emotionsorientierte Strategien angewandt? Welche?

Was steht Ihnen jetzt für zukünftige ähnliche Situationen zur Verfügung?

Zusammenfassend können wir festhalten, dass Stress weder allein davon abhängt, was das Leben, die Arbeit oder ein Ehrenamt uns gerade abverlangen, noch allein davon, wer wir sind und was wir können. Entscheidend sind die Wechselwirkung und unsere subjektive Wahrnehmung dessen, wie wir die Situation einerseits und unsere Kompetenzen und Kapazitäten andererseits aktuell einschätzen. Hierbei spielt eine Rolle, ob wir an der Situation selbst oder an unseren Gefühlen in der Situation subjektiv etwas ändern können. Was dem einen Angst macht, motiviert den anderen, sich weiterzuentwickeln. Das, wovon wir uns heute angegriffen fühlen, bringt uns morgen vielleicht zum Lächeln. Daher ist es wichtig, eigene Möglichkeiten und Grenzen bei aller Klarheit immer der aktuellen Situation anzupassen, wie in den späteren Kapiteln weiter ausgeführt werden wird.

Für unsere Einschätzungen spielt nicht nur unsere körperliche und gedankliche Verfassung eine Rolle, sondern vor allem, in welcher Art und Weise wir insgesamt gewohnt sind, die Welt zu sehen. Welche Gedanken in einer Situation aktiviert werden und welche Bewertungen sich daraus ergeben, ist stark davon geprägt, welche Lernerfahrungen wir im Leben gemacht haben. Aus diesen Lernerfahrungen haben wir bestimmte Überzeugungen gewonnen, die wiederum unsere Wahrnehmung und unsere Urteile lenken (s. auch Kap. 9). *Selbstwirksamkeitserwartungen* und generalisierte Kontrollüberzeugungen haben wir bereits besprochen. Manchmal sind es auch die Überzeugungen anderer (z. B. der Eltern, Partner oder bedeutsamer Freunde), die wir übernommen haben, manchmal vielleicht, ohne sie zu hinterfragen. Diesen Aspekt wollen wir im folgenden Kapitel noch einmal näher unter die Lupe nehmen.

Fazit

Menschen sind grundsätzlich gut darauf vorbereitet, mit unvorhersagbaren Veränderungen in der Umwelt umzugehen, wie sie die *Arbeitswelt 4.0* mit sich bringt. Die körperliche Stressreaktion hilft uns dabei und ist per se nicht gesundheitsschädlich, solange auf Anspannung wieder Entspannung folgt. Dauerstress allerdings hat gravierende physische und psychische Konsequenzen, beeinträchtigt Gesundheit, Wohlbefinden, Gedächtnis, Konzentration und die Qualität von Entscheidungen. Stress ist weder allein eine Folge der Situation noch allein Sache der Person. Stress entsteht an der Schnittstelle zwischen Mensch und Umwelt und ist das Ergebnis einer komplexen Wechselwirkung der Wahrnehmung des *Stressors* und der eigenen *Ressourcen,* die bei der Bewältigung des Stressors helfen können. Dabei spielen die generalisierte sowie *situative* Einschätzungen der eigenen Selbstwirksamkeit und

Kontrolle über die Sachlage eine wesentliche Rolle, ebenso momentane kognitive Einflüsse wie Priming oder Verfügbarkeit.

Man unterscheidet zwei Arten von Bewältigungsstrategien. Problemorientierte Bewältigungsstrategien sind darauf ausgerichtet, etwas an der stressauslösenden Situation zu verändern, z. B. durch bessere Zeitplanung oder Zuhilfenahme von fachlicher Unterstützung. Emotionsorientierte Bewältigungsstrategien haben zum Ziel, das subjektive Erleben zu verbessern, z. B. durch Akzeptanz, Humor oder soziale Unterstützung. Die Wahl der Strategie hängt davon ab, ob wir die Situation als kontrollierbar wahrnehmen und welche überdauernden Denk- und Verhaltensmuster wir im Umgang mit stressauslösenden Situationen gelernt haben.

Literatur

Ajzen, I. (2002). Perceived behavioral control, self-efficacy, locus of control, and the theory of planned behavior. *Journal of Applied Social Psychology, 32*(4), 665–683.

Bandura, A. (1977). Self-efficacy: toward a unifying theory of behavioral change. *Psychological Review, 84*(2), 191–215.

Carver, C. S., Scheier, M. F., & Weintraub, J. K. (1989). Assessing coping strategies: a theoretically based approach. *Journal of Personality and Social Psychology, 56*(2), 267–283.

Dobelli, R. (2012). *Die Kunst des klaren Denkens*. München: Hanser.

Janiszewski, C., & Wyer, R. S. (2014). Content and process priming: A review. *Journal of Consumer Psychology, 24*(1), 96–118.

Judge, T. A., & Bono, J. E. (2001). Relationship of core self-evaluations traits – self-esteem, generalized self-efficacy, locus of control, and emotional stability – with job satisfaction and job performance: A meta-analysis. *Journal of Applied Psychology, 86*(1), 80–92.

Kaluza, G. (2015). *Gelassen und sicher im Stress: Das Stresskompetenz-Buch: Stress erkennen, verstehen, bewältigen.* Berlin, Heidelberg: Springer.

Lazarus, R. S. (1966). *Psychological stress and the coping process.* New York: McGraw-Hill.

Lazarus, R. S. (1974). Psychological stress and coping in adaptation and illness. *The International Journal of Psychiatry in Medicine, 5*(4), 321–333.

Lazarus, R. S. (1991). *Emotion and Adaptation.* New York: Oxford University Press.

Lazarus, R. S., & Folkman, S. (1984). *Stress, appraisal and coping.* New York: Springer.

Levine, P. (2011). *Sprache ohne Worte. Wie unser Körper Trauma verarbeitet und uns in die innere Balance zurückführt.* Stuttgart: Kösel.

Locke, E. A., & Latham, G. P. (1990). *A theory of goal setting and task performance.* Englewood Cliffs: Prentice-Hall.

Matud, M. P. (2004). Gender differences in stress and coping styles. *Personality and Individual Differences, 37*(7), 1401–1415.

Peifer, C., Schulz, A., Schächinger, H., Baumann, N., & Antoni, C. H. (2014). The relation of flow-experience and physiological arousal under stress – can u shape it? *Journal of Experimental Social Psychology, 53*, 62–69.

Rotter, J. B. (1966). Generalized expectancies for internal versus external control of reinforcement. *Psychological Monographs: General and Applied, 80*(1), 1–28.

Rosa, H. (2012). *Beschleunigung. Die Veränderung der Zeitstrukturen in der Moderne* (5. Aufl.). Frankfurt/Main: Suhrkamp.

Scheier, M. F., & Carver, C. S. (1992). Effects of optimism on psychological and physical well-being: Theoretical overview and empirical update. *Cognitive Therapy and Research, 16*(2), 201–228.

Schwarzer, R. (2004). *Psychologie des Gesundheitsverhaltens: Einführung in die Gesundheitspsychologie.* Göttingen: Hogrefe.

Selye, H. (1973). The Evolution of the Stress Concept: The originator of the concept traces its development from the discovery in 1936 of the alarm reaction to modern therapeutic applications of syntoxic and catatoxic hormones. *American Scientist, 61*(6), 692–699.

Starcke, K., & Brand, M. (2012). Decision making under stress: a selective review. *Neuroscience & Biobehavioral Reviews, 36*(4), 1228-1248.

Taylor, S. E., Klein, L. C., Lewis, B. P., Gruenewald, T. L., Gurung, R. A., & Updegraff, J. A. (2000). Biobehavioral responses to stress in females: tend-and-befriend, not fight-or-flight. *Psychological Review, 107*(3), 411–429.

Tversky, A., & Kahneman, D. (1974). Judgment under uncertainty: Heuristics and biases. *Science, 185*(4157), 1124-1131.

Unkelbach, C., & Greifeneder, R. (Hrsg.). (2013). *The experience of thinking: How the fluency of mental processes influences cognition and behavior.* New York: Psychology Press.

US Army Heritage and Education Center (2018). Q. Who first originated the term VUCA (Volatility, Uncertainty, Complexity and Ambiguity)? [www Dokument]. Verfügbar unter http://usawc.libanswers.com/faq/84869 (abgerufen am 11.4.2018).

Watzlawick, P., Weakland, J., & Fisch, R. (2013). *Lösungen. Zur Theorie und Praxis menschlichen Wandels* (8. Aufl.). Bern: Huber.

Yerkes, R. M., & Dodson, J. D. (1908). The relation of strength of stimulus to rapidity of habit-formation. *Journal of Comparative Neurology and Psychology, 18*(5), 459–482.

2

Einschränkende Glaubenssätze und kognitive Freiheit

Choose not a life of imitation.
(Red Hot Chili Peppers, „Can't Stop" auf dem Album „By the Way")

Wie wir gesehen haben, nehmen die kognitiven Einschätzungen der Situation eine Schlüsselrolle bei der Entstehung von Stress ein. Daher lohnt es sich, diese Denk- und Bewertungsmuster genauer zu betrachten. Einige Einschätzungen hängen von der aktuellen Stimmung, der Tagesform, der körperlichen Verfassung, vielleicht sogar dem Wochentag ab. Montags ist die Welt für die meisten Menschen eine andere als samstags. Erfahrung mit ähnlichen Situationen ist ein weiterer wichtiger Faktor. Mareike ist einfach schon drei Jahre länger in der

© Springer-Verlag GmbH Deutschland, ein Teil von Springer Nature 2019
K. Mierke und E. van Amern, *Klare Ziele, klare Grenzen,*
https://doi.org/10.1007/978-3-662-56826-2_2

Firma als Lara. Insofern ist es kein Wunder, dass sie deutlich zuversichtlicher in das schwierige Kundentelefonat geht. Dennoch wird es auch Leute geben, die selbst in Mareikes allgemeiner Ausgangslage ähnlich unsicher reagieren wie Lara. Diese Leute könnten sich fragen, ob der Kunde sie überhaupt ernst nehmen wird, wo er doch bestimmt am liebsten direkt mit der Teamleiterin gesprochen hätte. Sie denken, dass sie bloß keinen Fehler machen dürfen, oder fragen sich, warum das jetzt ausgerechnet sie erwischen muss. Fragen, die wir in diesem Kapitel vertiefen möchten, sind unter anderem:

Fragen

Wie kommt es, dass Menschen ein und dieselbe Situation sehr unterschiedlich wahrnehmen und bewerten?
Welche stressverstärkenden Gedanken und Glaubenssätze kann man unterscheiden und welche Grundmotive stehen dahinter?
Wie kann man persönliche Stressverstärker erkennen und hinterfragen, um sie aktiv zu überwinden?
Wie wird dadurch individuelle Freiheit von überholten *Normen* und Fremderwartungen möglich?

Viele unserer Gedanken, unserer fast automatischen Einordnungen und Bewertungen sind verinnerlichte Überzeugungen bedeutsamer anderer Personen (z. B. Eltern, Lehrer, Freunde) oder aus einem früheren Lebensabschnitt (z. B. aus der Rolle als jüngere Schwester, Auszubildende oder neuer Kollege). Diese können hilfreich sein oder belasten, wenn wir sie unangemessen verallgemeinern. Wir sollten uns daher die Freiheit nehmen, zu hinterfragen, ob unsere spontanen gedanklichen Reaktionen für uns persönlich noch aktuell und gültig sind und wie gut sie auf die konkrete Situation passen.

Zuweilen fragen wir uns ganz bewusst: „Was würde mir mein Kollege raten, wenn er mich hier sehen könnte, was meine Chefin?", „Was würde mein Bruder jetzt machen? Und was meine Studienfreundin, die immer so souverän und durch nichts zu schockieren war?" Und diese anderen, die uns im Geiste begleiten, stellen uns damit einen Beurteilungsrahmen und vielleicht sogar Handlungsimpulse zur Verfügung. Das kann sehr hilfreich sein, wir bekommen sozusagen eine andere Perspektive, ohne dass ein anderer Mensch wirklich dabei sein muss (vergleichbar mit dem Prinzip der zirkulären Fragen in der systemischen Beratung; z. B. von Schlippe und Schweitzer 2016).

Oft genug rufen wir uns diese Einschätzungen und Bewertungen nicht absichtlich herbei, sondern sie werden automatisch aktiviert, wenn wir in eine bestimmte Situation geraten. Und das ist nicht immer hilfreich. Es sind nämlich nicht zwangsläufig diejenigen Bewertungsmuster, die uns in diesem Moment die beste Perspektive auf die Situation ermöglichen. Vielleicht handelt es sich dabei lediglich um Urteile, die wir sehr häufig gehört haben, um im Laufe der Zeit verinnerlichte Echos der „Glaubenssätze" von Eltern, Lehrern oder wem auch immer. Typische Beispiele sind pauschal zur Vorsicht mahnende oder tadelnde Stimmen wie „Lass die Finger davon, das wird eh schiefgehen", „Das kannst du nicht machen, was sollen die Leute denken", „Sei vernünftig", „Das schaffst du nie", „Typisch, dass dir das passiert" etc. In Ansätzen, die auf der Ego-States-Therapie aufbauen (Watkins und Watkins 2003; z. B. Peichl 2014; Weingardt 2017), würden diese der Stimme eines „inneren Kritikers" oder „inneren Antreibers" zugeordnet (s. auch Kap. 5). Oft sind es diese automatisch aktivierten Glaubenssätze, die uns bei der Einschätzung einer Situation eine vorschnelle Bewertung nahelegen und dadurch unsere wahrgenommene Entscheidungs- und Handlungsfreiheit massiv einschränken.

> **Tipp**
>
> Nehmen Sie sich einen Moment Zeit und denken Sie an die letzte Situation im Job oder ihrer ehrenamtlichen Tätigkeit zurück, in der Sie sehr schnell eine erste Einschätzung parat hatten. Überlegen Sie, welche Gedanken Ihnen da durch den Kopf gegangen sind und ob möglicherweise einige verinnerlichte Glaubenssätze dabei waren, die in der Situation eher hinderlich als hilfreich waren. Welche waren dies?

In jedem Fall lohnt es sich, diese Glaubenssätze zu hinterfragen, also zu überprüfen, ob die Einschätzung, die da automatisch aufpoppt, wirklich unsere eigene ist, ob sie sich für die aktuelle Situation richtig anfühlt oder nur eine normative Forderung nach Anpassung beinhaltet. Nur wenn wir reflektieren, haben wir die Wahl, ob wir ihr folgen möchten oder die Chance nutzen, uns anders zu entscheiden. Anregungen dazu, wie man diese kognitive Freiheit wiedergewinnen kann, folgen unten im nächsten Tipp.

Unreflektierte Überzeugungen, Glaubenssätze und Bewertungsmuster lösen oft zusätzlichen Stress aus, wenn wir uns mit einer schwierigen Situation konfrontiert sehen. Kaluza (2015) unterscheidet in diesem Zusammenhang fünf Stressverstärker (s. Kasten 2.1). Alle fünf basieren auf

Grundmotiven, die an und für sich gesund und natürlich sind. Stressverstärker werden sie dann, wenn sich das dahinterstehende Bedürfnis als übertriebener, absoluter Anspruch an einen selbst wie eine zusätzliche Forderung auswirkt, die erfüllt werden „muss" (s. Abb. 2.1).

Kasten 2.1: Stressverstärkende Glaubenssätze (nach Kaluza 2015)

Du musst perfekt sein.
Dieser Anspruch entsteht aus einem stark ausgeprägten Leistungsmotiv heraus, dem Wunsch, alles fehlerfrei und vorbildlich zu erledigen und in jeder Hinsicht erfolgreich zu sein. Selbstverständlich ist das in vielen Zusammenhängen gut und sinnvoll, da es uns hilft, Herausforderungen zu meistern. Aber ein unrealistisch hoher Perfektionsanspruch bringt eine permanente Überforderung und Unzufriedenheit mit sich. Besonders kritisch wird dies, wenn die *Norm,* perfekt zu sein, im Sinne einer Breitbandselbstoptimierung auf sämtliche Lebensbereiche angewendet wird.

Du musst beliebt sein.
Dieser Anspruch wurzelt im Motiv nach Nähe und sozialer Zugehörigkeit. Auch das Bindungsmotiv ist selbstverständlich zutiefst menschlich und gesund. Es wird dann zum Stressverstärker, wenn die Situation es erfordert, anderen einmal in angemessener Form Grenzen aufzuzeigen, eine Bitte begründet abzulehnen, oder dergleichen. Die Sorge, damit die Sympathie der anderen zu gefährden und die Beziehung oder Gruppenzugehörigkeit aufs Spiel zu setzen, führt häufig dazu, dass man sich mehr zumutet als gut ist. Abgesehen davon ist diese Sorge meist unbegründet.

Du musst unabhängig sein.
Der Wunsch nach *Autonomie* wird in seiner übersteigerten Form zum Problem, wenn eine Person auf soziale Unterstützung angewiesen ist, um eine Aufgabe meistern zu können, oder wenn sie sich als hilfsbedürftig und schwach erlebt.

Ein Bild der Stärke zu wahren, auch wenn unabhängiges Handeln die Grenze der Belastbarkeit überschreitet, erzeugt zusätzlichen Stress. Auch hier werden oft die negativen Folgen des Verlusts von Unabhängigkeit (oder des „guten Rufes") überschätzt.

Du musst die Kontrolle behalten.
Dinge aktiv gestalten und beeinflussen zu können ist ebenfalls ein Grundmotiv, das erst durch Übertreibung zum Stressverstärker wird. Wir haben in Kap. 1 gesehen, dass es für die Auswahl angemessener Bewältigungsstrategien eine große Rolle spielt, ob ein aktiver Einfluss möglich ist. Ist das der Fall, reduzieren problemorientierte Herangehensweisen Stress oft nachhaltiger. Ist die Kontrolle aber faktisch gering, ist es wesentlich zielführender, loslassen und akzeptieren zu können – andernfalls steigt der Stress durch den überhöhten Wunsch nach Kontrolle nur noch weiter an.

Du musst durchhalten.
Nicht aufzugeben, sondern Disziplin walten zu lassen, ist – wie die übrigen Glaubenssätze – in Maßen eine absolut hilfreiche und wertvolle *Ressource*. Erneut macht die Dosis das Gift. Wird diese innere Stimme zu laut, gönnt man sich keinerlei Pause oder Auszeit, sondern treibt sich selbst immer weiter an. Erholung oder gar ein Aufgeben sind unter keinen Umständen erlaubt, und die Angst vor dem Scheitern wird zum weiteren Stressverstärker. Im Extremfall werden Menschen, die sich von diesem Glaubenssatz antreiben lassen, irgendwann durch massive körperliche Symptome bis hin zu einem *Burnout* ausgebremst (vgl. auch Poppelreuter und Mierke 2018).

Die Grundmotive, die hinter diesen Glaubenssätzen stehen, sind allen Menschen gemeinsam und prägen unser Erleben weitgehend kulturunabhängig. Wir verspüren sie allerdings unterschiedlich stark, haben also im Verlauf

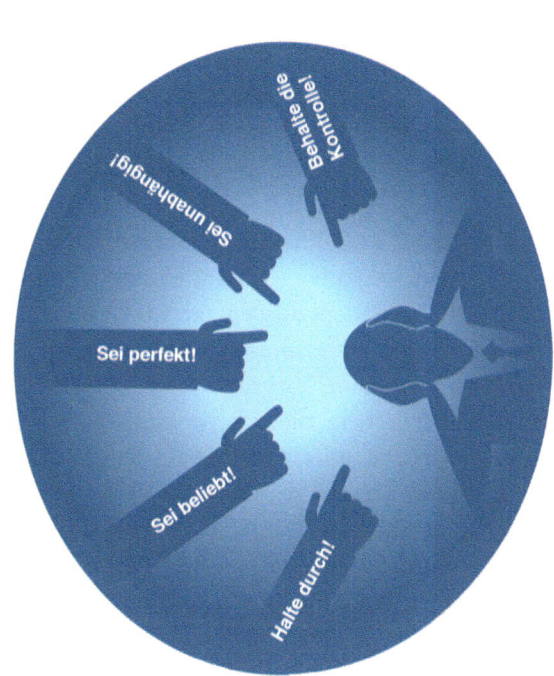

Abb. 2.1 Stressverstärkende Glaubenssätze als zusätzliche Forderung nach Kaluza (2015; eigene Darstellung)

unserer Biografie unsere individuellen Prioritäten heraus-
gebildet. Zudem sind sie auch situationsabhängig stärker
oder schwächer aktiviert. Ryan und Deci (2000) unterscheiden in ihrem wissenschaftlich sehr gut belegten
Motivationsmodell drei solche elementaren Motive
höherer Ordnung, die sie als Basis für menschliches Verhalten und Erleben in nahezu allen Lebenssituationen
betrachten. Dies sind erstens das Bedürfnis nach Nähe
und sozialer Anerkennung, zweitens das Bedürfnis nach
Kompetenzerleben und Kontrolle (wo sich Perfektion
und Durchhalten einordnen lassen dürften) sowie drittens das Bedürfnis nach *Autonomie,* Unabhängigkeit und
Selbstbestimmung.

Vielleicht haben Sie beim Lesen bereits Ideen dazu
entwickelt, welche Motive oder welche Stressverstärker bei Ihnen besonders ausgeprägt sind und sich in
Ihren Glaubenssätzen widerspiegeln. Häufig sind diese
in unserer Lerngeschichte begründet, wir „imitieren"
damit innerlich Menschen, die uns beeinflusst und diese
Glaubenssätze gepredigt oder selbst gelebt haben. Im folgenden Tipp finden Sie einige Anregungen, wie Sie verinnerlichte Glaubenssätze – samt der mitschwingenden
pauschalen   Anforderungen   und   ungebetenen
Bewertungen – kritisch hinterfragen können. Diese Fragen zielen darauf ab, das Bedürfnis als berechtigt anzu-
nehmen und zugleich die „Forderung" mit Blick auf die
vorliegende spezifische Situation neu zu rahmen, zu konkretisieren und zu differenzieren und damit die eigene
kognitive Freiheit zu erhöhen.

Tipp

Du musst perfekt sein! Warum, für wen? Möchte ich hier wirklich alles geben, auch auf Kosten von ... (z. B. meiner Gesundheit, Zeit für meine Kinder, Partnerschaft und Freunde, ausreichend Schlaf, ...)? Was geschieht schlimmstenfalls, wenn ich diese Aufgabe nicht zu 150 % erledige, sondern zu 97 %, oder zu 80 %? Wer definiert hier „perfekt"? Was wäre „gut genug"?

Du musst beliebt sein! Immer, bei allen? Riskiere ich wirklich die Sympathie dieses Menschen, wenn ich berechtigte Wünsche, Kritik oder Grenzen benenne? Könnte es mir auch Respekt einbringen und unsere Beziehung langfristig sogar verbessern? Was müsste dafür gegeben sein?

Du musst unabhängig sein! Wozu, und von wem oder was genau? Was fürchte ich, wenn ich einzelne konkrete Abhängigkeiten akzeptiere? Welche Vorteile hätte es in dieser Situation?

Du musst Kontrolle behalten! Worüber genau und wozu? Und an welcher Stelle könnte ich Kontrolle abgeben? An wen? Unter welchen Umständen würde mir das leichter fallen? Wo ist Kontrolle überhaupt möglich, und in welcher Hinsicht nicht? Was kann in dieser Situation schlimmstenfalls passieren, wenn ich weniger oder keine Kontrolle mehr hätte?

Du musst durchhalten! Wozu, für wen? Wer erwartet, dass ich durchhalte? Was geschieht, wenn ich eine Pause einlege oder Verantwortung abgebe? Wozu könnte es gut sein, nicht durchzuhalten? Was wäre dann möglich?

Der Bezug zwischen den Stressverstärkern und den menschlichen Grundmotiven macht deutlich, dass wir für unsere Verausgabungsbereitschaft gute Gründe haben. Soziale Beziehungen zu wahren, Kontrolle zu behalten,

Kompetenz und Unabhängigkeit leben zu können und auch einmal etwas auszuhalten, sind wertvolle Grundlagen für ein glückliches und erfülltes (Arbeits-)Leben. Die Angst oder Sorge, eine dieser Grundlagen in Gefahr zu bringen, treibt uns dann zu Verhaltensweisen, die Stress mit verursachen und unter Stress zu zusätzlichem Stress führen: immer alles geben, nur kein zusätzliches Projekt ablehnen, etc. – und bei alledem bitte nicht gestresst sein, sondern total souverän wirken....

Was wir mit diesem Buch auf keinen Fall möchten, ist zusätzlichen Druck aufzubauen, indem wir nahelegen, man müsse jetzt nur bitte einfach diese und jene Gedanken in den Griff bekommen, und dies und jenes tun, um Stress zu reduzieren. Das wäre aus unserer Sicht paradox. Was wir stattdessen möchten ist, die Anzahl der wahrgenommenen Möglichkeiten und damit den Entscheidungsspielraum in Systemen zu erweitern. Je mehr unterschiedliche Perspektiven und Verhaltensoptionen dem Einzelnen zur Verfügung stehen, desto eher kann Neugierde aufkommen, auch gemeinsam etwas Neues auszuprobieren. In einer sich schnell wandelnden und wenig vorhersagbaren (Arbeits-)Umwelt scheint uns dies eine gute übergeordnete „Strategie" zu sein (s. auch Kap. 11 und 12).

Virginia Satir (1990), eine der wegweisenden Begründerinnen des systemischen Ansatzes, hat dies sehr schön in ihren Fünf Freiheiten formuliert:

- Die Freiheit zu sehen und zu hören was jetzt im Moment ist, anstatt was sein sollte, einmal gewesen ist oder was eines Tages vielleicht sein wird.

- Die Freiheit zu fühlen was ich fühle, anstatt zu fühlen, was von mir zu fühlen erwartet wird.
- Die Freiheit zu sagen was ich fühle und denke, anstatt zu sagen, was ich fühlen und denken sollte.
- Die Freiheit nach dem zu fragen was ich gerne möchte, anstatt auf Erlaubnis zu warten.
- Die Freiheit auf eigene Faust Risiken einzugehen und Neues zu wagen.

Das vorliegende Buch möchte dazu ermutigen, sich diese fünf Freiheiten (wieder) zu erschließen und sie zu nutzen, um Stress im Arbeitsleben wie im ehrenamtlichen Kontext nachhaltig zu reduzieren und dabei sich und den Kollegen ein wertschätzendes, gesundes und produktives Arbeitsklima zu ermöglichen.

Fazit

Glaubenssätze können Stress verstärken, da sie zu Selbstüberforderung antreiben und zudem wertvolle kognitive wie emotionale *Ressourcen* binden, die bei der erfolgreichen Bewältigung von Herausforderungen hilfreich wären. Freie Reflexion und das Hinterfragen von Glaubenssätzen erleichtern die Fokussierung auf persönliche Ziele und die klare Kommunikation im Hinblick auf Grenzen im Arbeitsalltag ebenso wie im Ehrenamt, z. B. in Form von punktuellem Nein Sagen und Delegation als Schutz vor Überlastung sowie Feedback zur präventiven Konflikthandhabung. Beides trägt wiederum zur Transparenz, Humanität, Handlungsfähigkeit und Innovationskraft von Organisationen als komplexen Systemen bei. Auf das Zusammenspiel dieser Aspekte geht das im folgenden Kapitel beschriebene Modell ein, bevor diese im Einzelnen vertieft und konkretisiert werden.

Literatur

Kaluza, G. (2015). *Gelassen und sicher im Stress: Das Stress-kompetenz-Buch: Stress erkennen, verstehen, bewältigen.* Berlin, Heidelberg: Springer.

Peichl, J. (2014). *Rote Karte für den inneren Kritiker.* München: Kösel.

Poppelreuter, S., & Mierke, K. (2018). *Psychische Belastungen in der Arbeitswelt 4.0. Entstehung – Vorbeugung – Maßnahmen.* Berlin: ESV.

Ryan, R. M., & Deci, E. L. (2000). Self-determination theory and the facilitation of intrinsic motivation, social development, and well-being. *American Psychologist, 55*(1), 68–78.

Satir, V. (1990). *Kommunikation, Selbstwert, Kongruenz.* Paderborn: Junfermann.

von Schlippe, A., & Schweitzer, J. (2016). *Lehrbuch der systemischen Therapie und Beratung I.* Göttingen: Vandenhoeck & Ruprecht.

Watkins, J. G., & Watkins, H. H. (2003). *Ego-States–Theorie und Therapie.* Heidelberg: Carl Auer.

Weingardt, B. (2017). *Du bist gut genug! Wie Sie Ihre inneren Antreiber erkennen und gelassener werden.* Witten: Brockhaus.

3

Ein Drei-Ebenen-Modell gesunder Klarheit

Alles ist Wechselwirkung.
(Alexander von Humboldt)

Die Arbeitswelt befindet sich ebenso wie zahlreiche Non-Profit-Organisationen in einer Phase vergleichsweise starker und schnelllebiger Veränderungen. Um angesichts dieser Veränderungen die eigene Gesundheit und die Freude am gemeinsamen Schaffen und Gestalten zu erhalten, braucht es sowohl den persönlichen Beitrag jedes Einzelnen wie auch eine Kommunikationskultur und Orientierung in sozialen Systemen. Mit dem hier vorgeschlagenen Modell möchten wir folgende Fragen beleuchten:

© Springer-Verlag GmbH Deutschland, ein Teil von Springer Nature 2019
K. Mierke und E. van Amern, *Klare Ziele, klare Grenzen,*
https://doi.org/10.1007/978-3-662-56826-2_3

Fragen

Welche Faktoren prägen die innere Haltung des Einzelnen, die direkte Kommunikation im Dialog und die allgemeine Kultur in Teams oder Organisationen?

In welcher Weise bedingen und beeinflussen sich diese Aspekte gegenseitig, wenn es darum geht, durch klare Ziele und klare Grenzen Stress im Arbeitskontext vorzubeugen oder zu reduzieren?

Welche Chancen bietet Klarheit auf allen drei Ebenen für eine gute Balance aus Sicherheit und Entwicklung im Gesamtfeld und welche Wechselwirkungen bestehen hier?

Wie schon im Vorwort skizziert, sehen wir am Zusammenspiel zwischen Individuum und Umwelt drei Ebenen von Klarheit beteiligt. Diese sind zugleich strukturgebend für die drei nachfolgenden Teile dieses Buches, in denen sie jeweils näher beschrieben und mit Befunden aus der psychologischen Forschung sowie Erfahrungen aus unserer praktischen Beratungsarbeit untermauert werden. In Kombination ermöglichen sie Individuen, Teams und Systemen eine Arbeitskultur der Integrität, also der Unversehrtheit, Stimmigkeit und Ganzheitlichkeit im Denken und Handeln. Das Modell der drei Ebenen gesunder Klarheit ist in Abb. 3.1 veranschaulicht.

Zunächst scheint es uns unverzichtbar, auf Ebene 1, der eigenen Person, innere Klarheit über die Werte und Ziele zu erlangen, an denen man seine Entscheidungen und sein Handeln ausrichten möchte (Kap. 4, 5, 6). Die Klärung der Ziele ist nie allgemein oder endgültig. Sie muss gerade in einer sich schnell verändernden, komplexen (Arbeits-)Welt stets von Neuem für die jeweils aktuelle

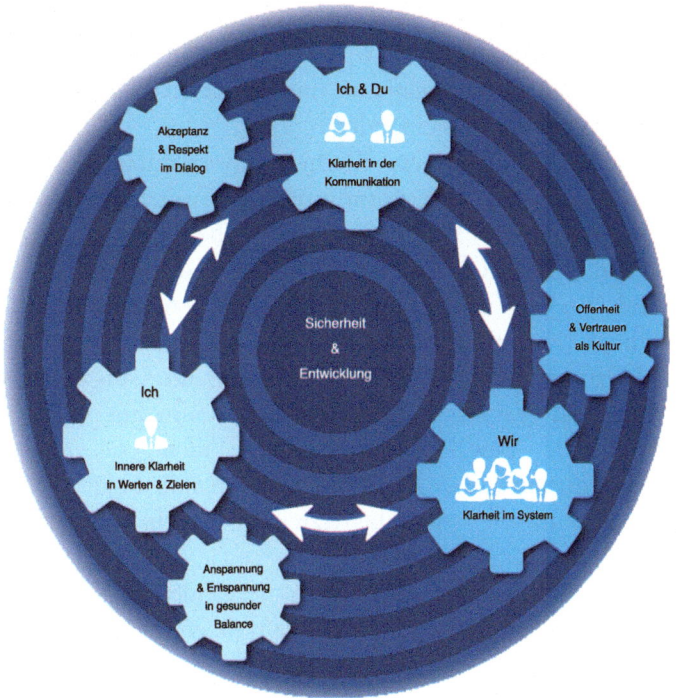

Abb. 3.1   Das Drei-Ebenen-Modell gesunder Klarheit

Situation erfolgen. Für einen gegebenen Moment aber schafft sie Orientierung und bietet Handlungssicherheit. Dies entlastet in Stresssituationen nachweislich und fördert das subjektive Wohlbefinden. Wir haben in Kap. 1 gesehen, dass Wahrnehmung, Konzentration, Denken, Gedächtnis und Entscheidungen unter Stress beeinträchtigt sind. Klare Ziele und Prioritäten zu setzen ist

dann nicht möglich. Insofern greifen eine gesunde Balance
aus Anspannung und Entspannung bzw. ein überwiegend
mittleres Aktivierungsniveau und innere Klarheit wechselseitig verstärkend ineinander.

Weiterhin ist innere Klarheit unverzichtbare Voraussetzung für die klare Kommunikation mit einem direkten Gegenüber auf der zweiten Ebene des Modells.
Wenn ich nicht weiß, was mir wichtig ist, was ich denke
und was ich will, kann ich dies auch nicht mitteilen.
Offene Kommunikation nach außen stellt in mehrer-
lei Hinsicht ein mächtiges Werkzeug im Umgang mit
Stress dar (Kap. 7, 8, 9). Sie schafft Raum für problemorientierte Bewältigungsstrategien, indem sie *Stressoren* reduziert oder kollektiv besser handhabbar macht.
Eine sinnvolle Aufgabenverteilung nach Neigungen
und Kapazitäten, punktuelles Ja- sowie Nein-Sagen und
Delegation gehören hierzu. Es vermeidet Reibungsverluste und beugt zeit- und kraftraubenden Konflikten
vor, wenn man sich gegenseitig offen über Erwartungen
verständigt und Feedback gibt. Klare Kommunikation entlastet darüber hinaus – emotionsorientiert –
von inneren Stressverstärkern: Man muss nicht mehr
besorgt spekulieren und sich in den schrecklichsten Farben ausmalen, was der andere wohl denken wird, wenn
man offen darüber gesprochen hat, dass man z. B. für ein
Vorhaben mehr Zeit oder Unterstützung benötigt. Es werden wieder Kapazitäten für die bestmögliche Umsetzung
der eigentlichen Aufgabe frei. Auf diesem Weg ermöglicht
gute Kommunikation zugleich, die hinter den mentalen
Stressverstärkern stehenden Bedürfnisse nach guten sozialen Beziehungen, Kompetenzerleben, *Autonomie,* Kontrolle etc. zu erfüllen. So wirkt Ebene 2 positiv *katalysierend*

zurück auf Ebene 1. Wesentlich für Klarheit in der direkten Kommunikation sind Akzeptanz und Respekt im Dialog, zugleich wachsen diese durch gelungene Kommunikation weiter.

Nicht mehr spekulieren zu müssen, sondern zu wissen, woran man beim anderen ist, stärkt das Vertrauen zwischen den unmittelbar Beteiligten sowie in das gesamte System und stellt eine gemeinsame Werteorientierung her. Damit ist auf Ebene 3 – der Organisation als Gesamtsystem mit seinen weiteren Schnittstellen zu anderen Kontexten wie Kunden, Partnerfirmen und Gesellschaft – der Weg frei für eine Kultur hoher Transparenz über Ziele, Möglichkeiten und Grenzen des gemeinsamen Handelns. Konkret können dies beispielsweise realistische Terminvereinbarungen sein, die auch wirklich einhaltbar sind. Ein lösungsorientierter Umgang mit Konflikten, eine offene Kultur, die die Unterschiedlichkeit von Teammitgliedern schätzt und kreativ nutzt, und ein positiver Umgangston bilden ein sicheres, energievolles Fundament für innovative Ideen, *Synergien* und gemeinsame Entwicklung (Kap. 10, 11, 12). In einer solchen Kultur wiederum entsteht eine Grundsicherheit, die dem Einzelnen Selbstvertrauen gibt und innere Zielorientierung sowie klare Kommunikation im Dialog wesentlich erleichtert. So wirkt Ebene 3 zurück auf die Ebenen 1 und 2.

Auf allen drei Ebenen gilt, dass Sicherheit erst Entwicklung möglich macht. Individuelle Sicherheit (als Abwesenheit von akuter wahrgenommener Bedrohung) ermöglicht die Entwicklung von klaren persönlichen Zielen jenseits von Existenzsicherung; Sicherheit auf der Beziehungsebene ermöglicht die konstruktive Entwicklung von Möglichkeiten und Grenzen in der direkten Kommunikation; Sicherheit durch Offenheit und Vertrauen im Gesamtkontext ermöglicht eine flexible gemeinsame Entwicklung von Systemen und deren Anpassung an neue Herausforderungen. Dies gewinnt in einer *VUKA*-Welt des permanenten und oft sehr schnellen Wandels von Märkten, Produkten und Dienstleistungsspektren sowie unternehmensinternen Strukturen und Prozessen immer weiter an Bedeutung (vgl. Starker und Peschke 2017).

Der Dauer-*Change* und komplex vernetzte Prozesse fordern dem einzelnen Individuum viel *Agilität* und Einsatzbereitschaft ab, aber auch Verantwortungsübernahme für die Wahrung persönlicher Grenzen und Bedürfnisse. Wer keine Grenzen kennt, für längere Zeit immer am oder über dem Limit operiert, fällt häufiger krankheitsbedingt aus oder zumindest den Kollegen durch ständige Gereiztheit auf die Nerven. Er schadet langfristig dem Teamklima, macht unter Umständen teure Fehler (trifft z. B. suboptimale Entscheidungen oder verursacht Arbeitsunfälle) und kann stressbedingt auch nicht mehr zu kreativer Wertschöpfung beitragen. Ein Bewusstsein für diese Auswirkungen auf Ebene 3 sollte es jedem Einzelnen erleichtern, ohne schlechtes Gewissen klare Ziele und klare Grenzen auf Ebene 1 zu setzen und auf Ebene 2 zu äußern. Und ein Bewusstsein für die weitreichenden Auswirkungen eines von wenig Offenheit und Vertrauen geprägten Organisationsklimas auf Gesundheit und Leistungsfähigkeit der Mitarbeiter sowie die Qualität von Kommunikation im System sollte jeder oberen Führungskraft verdeutlichen, wie wesentlich in einem solchen Fall die zeitnahe Einleitung eines Veränderungsprozesses ist.

Der Blick auf die Folgekosten (Fehltage, Fluktuation, Unfälle, schlechte Entscheidungen, Reibungsverluste durch Konflikte etc.) sollte die Entscheidung erleichtern, hier zu investieren.

> **Wichtig**
>
> In einem System mit transparenter Kommunikationskultur sind klare Ziele, klare Grenzen und Teamorientierung kein Widerspruch. Im Gegenteil: Das System als Ganzes profitiert, wenn jeder Einzelne seine Energien in jedem Moment fokussiert einsetzen darf, wenn Erwartungen aneinander immer wieder offen ausgehandelt und in einem von Vertrauen geprägten Klima Grenzen aufgezeigt werden. Nur so können sich alle langfristig ihre Freude am gemeinsamen Gestalten, Einsatzbereitschaft, gesunde Leistungsfähigkeit und Innovationspotenzial erhalten. Das hier vorgeschlagene Drei-Ebenen-Modell gesunder Klarheit für Sicherheit und Entwicklung in Organisationen postuliert dynamische Wechselwirkungen zwischen klaren Zielen auf individueller Ebene, klarer Kommunikation zwischen Individuen und einer Unternehmenskultur, die menschliche Vielfalt und Erhalt der gesunden Leistungsfähigkeit des Einzelnen als Wert an sich sowie als unverzichtbar für eine nachhaltige gemeinsame Erfolgsorientierung anerkennt.

Diese Wechselwirkungen sollen noch ein wenig ausgeführt und illustriert werden, bevor wir sie in den folgenden drei Teilen dieses Buches anhand von Theorien und Forschungsergebnissen begründen und konkrete praktische Anwendungstipps dazu geben.

Fallbeispiel 3.1

Christoph hat sich im letzten Meeting spontan bereit erklärt, Tabellen und Abbildungen für den Projektbericht seiner Kollegin Jenny zu erstellen. Der Bericht muss bald abgegeben werden und ist für Jenny wichtig, also unterstützt er sie gern. Allerdings hat er bei seiner Zusage vergessen, dass er noch eine andere Terminaufgabe vor sich hat. Er ist unsicher und ihm gehen die unterschiedlichsten Gedanken durch den Kopf: „Bestimmt hofft sie, dass ich ihr das übermorgen schicke. Das schaffe ich aber wahrscheinlich nicht, ich muss erst die Vorstandspräsentation fertig machen. Was sage ich ihr denn jetzt … Ich will ja auch nicht, dass sie sich wundert und meint, ich kriege nichts auf die Reihe, weil es so lange dauert. Am Ende glaubt sie noch, ich mag sie nicht und fände es lustig, sie schmoren zu lassen …" Solche Gedankenschleifen kosten Christoph Zeit und Energie, die ihm für die Bearbeitung seiner Aufgaben fehlen.

Orientierung und Handhabbarkeit können dort entstehen, wo wir uns bewusst werden, welche Werte und Ziele in einer gegebenen Situation wirklich Priorität haben. Hieraus ergibt sich ein konkreter Fokus für unsere Entscheidungen sowie unser Handeln. Manchmal ist dies enorm hilfreich, um sich selbst wieder zu „zentrieren", wenn wir uns übernommen oder verzettelt haben. Christoph aus unserem Beispiel wird es vermutlich nicht schwerfallen, eine Priorität zu setzen – eher, sie mitzuteilen. In anderen Situationen mag das anders aussehen.

Fast immer bewegen wir uns in einem sozialen Kontext, in dem die Menschen um uns herum – Kollegen, Kunden, Vorgesetzte, Partner und Familie – von diesen

Entscheidungen und Handlungen unmittelbar betroffen sind. Dann ist es wesentlich, eine erreichte innere Klärung klar nach außen mitzuteilen. Ein differenziertes Ja oder Nein in einer konkreten Situation entlastet, weil es das tatsächliche Volumen strukturiert, das zu bewältigen ist. Das Gleiche gilt, wenn es gelingt, Aufgaben teamorientiert zu delegieren. Gibt man sich zudem gegenseitig Rückmeldung, wenn Ziele, Grenzen oder die Wirkung von Verhalten unterschiedlich wahrgenommen werden, verringert dies Unklarheit, einen enormen gedanklichen Kapazitätsfresser. So gesehen handelt es sich zunächst um problemorientierte Bewältigungsstrategien: Man geht die Sache in der Außenwelt an und stellt so (wieder) ein besseres Gleichgewicht zwischen Anforderungen und *Ressourcen* und eine für alle transparente Informationsbasis her.

Darüber hinaus ermöglicht klare Kommunikation Stressbewältigung auf emotionsorientierter Ebene: Anderen etwas mitzuteilen, erhöht die Verbindlichkeit der eigenen Entscheidung. Es wird ein Stück realer, wenn man laut sagt, was man tun wird – bzw. was man nicht tun wird, oder erst zu einem späteren Zeitpunkt oder auf andere Art und Weise. Man überzeugt sich gewissermaßen noch einmal selbst, indem man es ausspricht. Dieses bemerkenswerte Phänomen wurde erstmals von Higgins und Rholes (1978; s. auch Higgins 2016) explizit gezeigt und ist als Saying-is-Believing-Effekt in die sozialpsychologische Literatur eingegangen (Kap. 6). Im Experiment wurde untersucht, inwiefern die Teilnehmer eine Person unterschiedlich beschreiben, je nachdem, ob sie glauben, ihre Zuhörerschaft würde diese Person mögen bzw. eben nicht mögen. Dass wir unsere Kommunikation dem

„Publikum" anpassen, war dabei nicht weiter überraschend und bereits gut belegt. Neu war an diesem Versuch, dass auch die Sprecher selbst anschließend angaben, die Person eher sympathisch oder eben unsympathisch zu finden, je nachdem, wie sie sie gerade den Zuhörern zuliebe beschrieben hatten. Es ist davon auszugehen, dass uns dies in aller Regel nicht bewusst ist, ähnlich wie die reine Wiederholung von – auch nur gehörten oder gelesenen – Äußerungen dazu führt, dass wir diese eher für wahr halten (sogenannte „illusion of truth"; Hasher et al. 1977; einen aktuellen Überblick geben Dechêne et al. 2010).

Wenn eine persönliche Entscheidung schon „veröffentlicht" ist, erleichtert uns dies auch die Verhandlung mit dem inneren Kritiker oder Antreiber (Kap. 2 und 5), sodass wir hier eine weitere dynamische Wechselwirkung zwischen Ebene 2 und Ebene 1 des Modells verzeichnen können. Diese melden sich gern hartnäckig zu Wort, selbst wenn wir schon beschlossen haben, dass wir z. B. die Frist für die Projektabgabe um zwei Wochen verlängern werden („Du könntest aber wirklich beim Vorstand punkten, wenn du das jetzt durchziehst", „Pass nur auf, dass die Kollegen dann nicht anfangen zu reden", „Schaffen würdest du das ja schon früher, da musst du halt mal abends etwas länger bleiben und den Wochenendtrip absagen" etc.).

> **Tipp**
>
> Wenn eine Entscheidung schon mitgeteilt ist, erhöht sich deutlich die Chance, es auch wirklich dabei zu belassen und sich nicht noch einmal selbst zu hinterfragen.

Hier kommt uns unser Bedürfnis nach *Konsistenz* zugute. Zahlreiche Modelle in der Psychologie basieren darauf, dass Menschen danach streben, mit sich in Einklang zu sein, also ihre Einstellungen und ihr Verhalten als zueinander stimmig zu erleben (Festinger 1957; Gawronski 2012). Wenn ich mir eine Entscheidung wirklich gut überlegt und dann verkündet habe, setze ich damit einen Anker. Davon wieder abzuweichen, macht mich für die Zukunft vor mir selbst und vor anderen unglaubwürdig und erzeugt einen inneren „Missklang", was nach Festinger als kognitive Dissonanz bezeichnet wird – hier zwischen geäußerten Absichten oder Einstellungen und dem tatsächlichen Verhalten. Das ist uns in aller Regel sehr bewusst, und genau diese antizipierten Kosten stellen eine hilfreiche Form von Verbindlichkeit her: Nun habe ich es gesagt, und jetzt bleibt es auch dabei. Klar kommunizierte Grenzen helfen daher auch in der Verteidigung nach innen, wenn im Nachhinein wieder Zweifel oder Ängste aufkommen. Ist die Entscheidung tatsächlich eher vorläufig und noch verhandelbar, sollte man dies in der Kommunikation nach außen deutlich machen und gegebenenfalls Bedenkzeit erbitten.

> **Wichtig**
>
> Klar kommunizierte Grenzen entlasten uns außerdem von kräftezehrenden Überlegungen über die Erwartungen der anderen. Häufig verstärkt sich Stress wesentlich dadurch, dass wir viel Zeit damit verbringen, uns Gedanken zu machen, was andere von uns denken, und Erwartungen dazu zu entwickeln, was diese wohl von uns erwarten (*Erwartungserwartungen;* Luhmann 1984; vgl. auch von Schlippe und Schweitzer 2016).

Erwartungserwartungen lenken unser Kommunikations-
verhalten oft in erstaunlichem Ausmaß, wie Paul Watzlawick u. a. in seiner sehr lesenswerten „Anleitung zum
Unglücklichsein" (2009) unterhaltsam veranschaulicht.
Luhmann (1984) zufolge reduzieren sie Komplexität und
spielen eine zentrale Rolle für die Entstehung von Stabilität in Systemen, hier wirken also Ebene 1 und 2 auf Ebene
3. *Erwartungserwartungen* können emotional belasten
und wie bei Christoph aus unserem Fallbeispiel zusätzlichen Stress auslösen. Daher wäre es günstig, wenn er
die Situation direkt auflöst, indem er Jenny noch einmal
offen darauf anspricht oder ihr eine entsprechende E-Mail
schreibt, sein Dilemma und seine Priorität erläutert und
um Verständnis bittet (konkrete Anregungen dazu finden
sich in Kap. 7). Unsicherheit darüber, was andere von uns
erwarten und über uns denken, kostet Zeit und Kraft und
lenkt uns von unseren eigentlichen Aufgaben ab.

Dies betrifft in unserem Beispiel ja nicht nur Christoph, sondern auch Jenny. Angenommen, Christoph mel-
det sich nicht direkt bei ihr. Dann würde sie anfangen
zu spekulieren, wann sie ihre Tabellen wohl bekommt,
oder später, warum Christoph sie warten lässt. Sie überlegt möglicherweise, ob er sie nicht mag oder ob er seine
Wichtigkeit und Macht demonstrieren will. Vielleicht
malt sie sich sogar aus, dass er mehr weiß als sie, z. B. dass
durch den Flurfunk geht, dass ihr Projekt sowieso nicht
mehr verlängert wird und der Bericht ohnehin nur noch
für die Schublade ist … Lauter Gedanken, die auch ihre
Konzentrationsfähigkeit spürbar herabsetzen und noch
dazu die nächste Begegnung mit Christoph durch Skepsis und Argwohn überschatten können. Unklarheit in der

bilateralen Kommunikation überträgt sich auf *Mikroebene* ins Individuum hinein und kann auf *Makroebene* eine Kultur der Vorsicht oder des Misstrauens im Miteinander prägen und so das Klima beeinträchtigen. Mit Klarheit hingegen kann man im wahrsten und positivsten Sinne des Wortes gemeinsam zur Sache kommen.

Fazit

Das Modell der drei Ebenen gesunder Klarheit für Sicherheit und Entwicklung in Organisationen beschreibt das Wechselspiel zwischen innerer Klarheit des Individuums, äußerer Klarheit in der direkten Kommunikation mit anderen und Klarheit als Kennzeichen von Kultur in sozialen Systemen. Sich eigener und fremder Erwartungen bewusst zu werden, diese zu prüfen und Prioritäten gemäß persönlicher Werte und Ziele zu setzen, liegt in der Verantwortung jedes Einzelnen. Unter hohem Stress sind die hierfür erforderlichen kognitiven Funktionen nachweislich stark eingeschränkt, weshalb eine enge Beziehung zu balancierter Anspannung und Entspannung besteht. Innere Klarheit hilft, stressauslösende Situationen handhabbarer zu machen, und wahrgenommene Handhabbarkeit gibt die nötige Sicherheit, Klarheit zu entwickeln. Innere Klarheit ist Voraussetzung für eine nachvollziehbare Kommunikation nach außen, wozu unter anderem gehört, vertrauens- wie verantwortungsvoll Ja und Nein zu sagen, teamorientiert zu delegieren und sich gegenseitig Feedback zu geben. Situationsgerechte, klare Grenzen transparent zu machen oder gemeinsam im Dialog zu entwickeln gelingt leichter, wenn Respekt und Akzeptanz als Indikatoren für Sicherheit in der direkten Beziehung vorherrschen. Klare Kommunikation von Möglichkeiten und Grenzen beugt Konflikten vor und schafft Raum für die Wertschätzung von Vielfalt in Systemen. Eine Kultur der Offenheit und des Vertrauens in sozialen Systemen bildet eine sichere Grundlage, die Innovation und die kreative

Entwicklung von Lösungen für neue Herausforderungen begünstigt. Klarheit und Vertrauen im System erleichtern wiederum im Sinne eines dynamischen Rückkopplungseffekts den Orientierungsprozess auf individueller Ebene sowie Klarheit im Dialog.

Angesichts des permanenten Wandels von Organisationsstrukturen und Prozessen in einer komplexen, sich schnell verändernden Umwelt gewinnen diese drei Aspekte und ihr systemisches Zusammenspiel zunehmend an Bedeutung. Gesunde Leistungsfähigkeit in einer solchen Umwelt zu erhalten erfordert ein kontinuierliches Ausbalancieren zwischen stabilisierender Sicherheit und agiler Entwicklung auf allen drei Ebenen.

Literatur

Dechêne, A., Stahl, C., Hansen, J., & Wänke, M. (2010). The truth about the truth: A meta-analytic review of the truth effect. *Personality and Social Psychology Review, 14*(2), 238–257.

Festinger. L. (1957). *A theory of cognitive dissonance.* Evanston: Row Peterson.

Gawronski, B. (2012). Back to the future of dissonance theory: Cognitive consistency as a core motive. *Social Cognition, 30*(6), 652–668.

Hasher, L., Goldstein, D., & Toppino, T. (1977). Frequency and the conference of referential validity. *Journal of Verbal Learning and Verbal Behavior, 16*(1), 107–112.

Higgins, E. T. (2016). "Saying is believing" effects: When sharing reality about something biases knowledge and evaluations. In L. L. Thompson, J. M. Levine & D. M. Messick (Hrsg.), *Shared cognition in organizations: The management of knowledge* (S. 33–49). New York: Psychology Press.

Higgins, E. T., & Rholes, W. S. (1978). "Saying is believing": Effects of message modification on memory and liking for the person described. *Journal of Experimental Social Psychology, 14*(4), 363–378.

Luhmann, N. (1984). *Soziale Systeme.* Berlin: Suhrkamp.

Starker, V., & Peschke, T. (2017). *Hypnosystemische Methoden im Change-Management. Veränderung steuern in einer volatilen, komplexen und widersprüchlichen Welt.* Berlin, Heidelberg: Springer Gabler.

von Schlippe, A., & Schweitzer, J. (2016). *Lehrbuch der systemischen Therapie und Beratung I.* Göttingen: Vandenhoeck & Ruprecht.

Watzlawick, P. (2009). *Anleitung zum Unglücklichsein* (9. Aufl.). München: Piper.

Teil II

Klare Ziele – im Jetzt mit der Zukunft

4

Ziele er-leben

A good hockey player plays where the puck is.
A great hockey player plays where the puck is going to be.
(Wayne Gretzky „The Great One", kanadische
Eishockeylegende)

Das Zitat richtet den Blick in die Zukunft und stellt die
Frage: „Wie komme ich dahin?" Nach dem ersten Teil
über Stress, Stressbewältigung und das Drei-Ebenen-
Modell gesunder Klarheit als Rahmen fokussiert dieser
Teil explizit das „Ich" mit dem Thema innere Ausrichtung.
Mit sich selbst „im Reinen" zu sein – als kontinuier-
licher Balanceprozess – ist wesentlich, um nach außen
eindeutig und gut verständlich zu kommunizieren. In
diesem zweiten Teil werden wir psychologische Modelle

© Springer-Verlag GmbH Deutschland, ein Teil von Springer
Nature 2019
K. Mierke und E. van Amern, *Klare Ziele, klare Grenzen,*
https://doi.org/10.1007/978-3-662-56826-2_4

und Methoden vorstellen, die Sie nutzen können, um in herausfordernden Zeiten innere Klarheit zu gewinnen.

Tausend Ereignisse stürmen auf uns ein. Die meisten Menschen arbeiten endlose To-do-Listen ab. Wozu brauchen wir Ziele? Ein Ziel unterstützt Entscheidungen. Es gibt Orientierung in der Zeit. Was habe ich schon geschafft? Was möchte ich noch schaffen? Während wir in der Gegenwart leben, gilt es, die Erkenntnisse aus der Vergangenheit zu nutzen, um in eine erfolgreiche Zukunft zu starten (Abb. 4.1). Woran erkenne ich, dass die Folgen meines heutigen Handelns die sein werden, die ich gut finde? Primär, indem ich mir die Zeit nehme, darüber nachzudenken.

Fragen

Wie wird ein Ziel ein klares Ziel?
Wie passen Sie Ihr Ziel veränderten Bedingungen an?
Wie entwickeln Sie Ihre attraktive Vision?
Wie erkennen Sie Ihre Werte?
Wie können Sie sich bewusst in der Zeit bewegen?

Abb. 4.1   Kriterien um Ziele klar zu formulieren

Üblicherweise werden in Unternehmen Kennzahlen als Ziele formuliert. In der Produktion sind dies Stückzahlen, im Einkauf Ersparnisse, im Verkauf abgeschlossene Verträge, im Service Kundenkontakte, in der Arbeitssicherheit rückläufige Unfallzahlen usw. Diese Ziele sind noch nicht motivierend. Ganz im Gegenteil: Führungskräfte sind häufig demotiviert, unglücklich über ihre Ziele. Sie haben keinen klaren Impuls, zu handeln. Außer Kennzahlen werden Ziele wie „Ich möchte, dass meine Mitarbeiter engagierter sind" benannt. Das ist ein Wunsch nach Verbesserung. Auf Nachfrage kommt die Erläuterung „Sie sollen weniger klagen". Das ist ein Wunsch nach weniger Mangel. Eine Zahl erscheint als klares eindeutiges Ziel oft nicht attraktiv. Das „besser" scheint attraktiv und ist sehr unkonkret.

Fallbeispiel 4.1

Erik arbeitet als Teamleiter mit drei Mitarbeiterinnen in einem größeren mittelständischen Unternehmen. Er ist Anfang Dreißig und mag seine Arbeit. Der Bereich Marketing hatte ihm immer gefallen. Außer ihm gibt es noch drei weitere Teamleiter in seiner Abteilung. Erik hat sich diese Position hart erarbeitet. Ursprünglich wurde er in einer Produktionsabteilung ausgebildet. Durch kluges Netzwerken und viel Engagement war ihm der Einstieg in die Marketingabteilung geglückt. Er ist verheiratet und junger Vater. Seine Frau ist ebenfalls berufstätig. Luise, ihre Tochter, ist jetzt drei Jahre alt. Seine Vorgesetzte ist sehr zufrieden mit ihm und gibt ihm gerne wichtige Aufgaben, weil sie sich auf ihn verlassen kann. Er hat schon oft gezeigt, dass er abends nicht so präzise auf die Uhr guckt, um die Aufgabe noch zu vollenden. Wie ist es ihm geglückt, seine Ziele zu erreichen?

Vergleichen wir die beruflichen Ziele mit dem Vorgehen bei der Urlaubsplanung. Eine Kennzahl wäre die Entfernung vom Wohnort, die Anzahl der Urlaubstage, die Investition. Alles interessant, aber nicht hinreichend, um Ihnen Lust auf Urlaub zu machen. Ein „besser" wäre „Es soll wärmer sein" oder „Ich möchte mal Zeit haben" – wichtig, aber kein Urlaubsziel.

Um ein Urlaubsziel zu planen, assoziieren wir uns an den Urlaubsort. Wir nehmen die Handlungsfolgen mit allen Sinnen vorweg. Wir sehen das Meer vor uns oder erspüren das Klettern in den Bergen. Wir lassen uns den Duft der gebratenen Sardinen in die Nase steigen oder nippen in unserer Vorstellung am frischen Mangosaft. Wir prüfen, ob wir die Gegend in der verfügbaren Zeit erkunden können. Wir lauschen den Geräuschen des Dschungels – und wollen dann aber nicht in die Tropen, weil es uns einfach zu schwül ist. Schön, wenn der Urlaub nicht allzu viel kostet. Doch nicht nur Reisekaufleute wissen, dass der Preis selten das wesentliche Kriterium der Urlaubsplanung ist.

Die Motivationspsychologie definiert ein Ziel als vorweggenommene Handlungsfolgen, die dazu motivieren zu handeln und eine Bewertung der Ergebnisse im Lichte der Erwartung erlauben (Betsch et al. 2011).

Tipp

Machen Sie ein Ziel zu Ihrem klaren Ziel:
Die beschriebene Übung gewährleistet, dass Sie Ihre Ziele so klar formen und erleben, dass Sie das Ergebnis Ihrer Handlung bewerten können. Das positive Resultat

dieser Überprüfung wird Ihre bewussten und unbewussten Kräfte in die gewünschte Zielrichtung lenken.

1. Formulieren Sie Ihr Ziel positiv: Es muss frei von Verneinungen und Vergleichen sein.
2. Gestalten Sie Ihr Ziel sinnlich konkret: Malen Sie sich vor Ihrem geistigen Auge genau aus, wie es sein wird, wenn Sie Ihr Ziel erreicht haben. Achten Sie darauf, welche Töne oder Geräusche Sie dabei hören, wie Sie Ihren Körper wahrnehmen, was Sie schmecken und riechen. Welche Stimmung entsteht bei der Zielerreichung? Und was sagen Sie sich selbst in diesem Moment?
3. Erleben Sie Ihr Ziel im Kontext: Wann werden Sie Ihr Ziel realistisch erreicht haben? Welche Teilziele werden wann realisiert sein? Wo wird das Ziel erreicht? Mit welchen Mitteln werden Sie Ihr Ziel erreichen? Welche Rahmenbedingungen sind zu beachten? Mit welchen Menschen werden Sie Ihr Ziel erreichen?
4. Passen Sie Ihr Ziel an Ihre Person an: Gestalten Sie es so, dass es mit Ihrem Selbstbild, Ihren Wertvorstellungen, Ihren Fähigkeiten und Ihren Bedürfnissen harmoniert. Was wird passieren, wenn Sie bekommen, was Sie wollen? Was wird passieren, wenn Sie es nicht bekommen? Welche Risiken beinhaltet das Ziel für Sie?
5. Kreieren Sie Ihr Ziel so, dass es durch Sie selbst erreichbar ist. Liegt es in Ihren Möglichkeiten, das Ziel in die Realität umzusetzen? Hat das Ziel eine angemessene Größe? Ist es vielleicht sinnvoller, zunächst nur ein Teilziel anzustreben? Was können Sie tun, um die Fähigkeiten zu entwickeln, das Ziel zu erreichen?
6. Formen Sie Ihr Ziel so, dass es Sie optimal motiviert: Was genau ist an diesem Ziel wichtig für Sie? Welche Wünsche werden mit diesem Ziel erfüllt? In welcher Hinsicht bedeutet dieses Ziel eine Entwicklung für Sie?

Wenn Sie sich etwas mehr Zeit und auch Raum nehmen möchten, Ihr Ziel zu er-leben, finden Sie im folgenden Tipp dazu eine vertiefende Anregung.

Tipp

Erleben Sie Ihr Ziel so, dass Sie möglichst bald überprüfen können, ob Sie auf dem richtigen Weg sind. Dazu eine Übung (vgl. James und Marwitz 1992):

1. Einmal angenommen Ihre Lebenszeit würde eine Linie auf dem Fußboden bilden, und Sie stehen im „Jetzt", der Gegenwart. Markieren Sie Ihren „Standpunkt" mit einem Notizzettel. Wie verläuft diese Linie? Liegt die Zukunft vor Ihnen und die Vergangenheit hinter Ihnen? Bei vielen Menschen ist das so, und vielleicht ist es bei Ihnen anders. Ihre Vergangenheit ist links von Ihnen und Ihre Zukunft rechts? Bewegen Sie sich auf dieser Linie. Wichtig ist, dass es sich für Sie passend anfühlt (Abb. 4.2a).
2. Machen Sie ein paar Schritte Richtung Zukunft, bis Sie den Zeitpunkt erreicht haben, an dem Sie am Ziel sein wollen, und markieren Sie Ihr Ziel auf der Linie mit

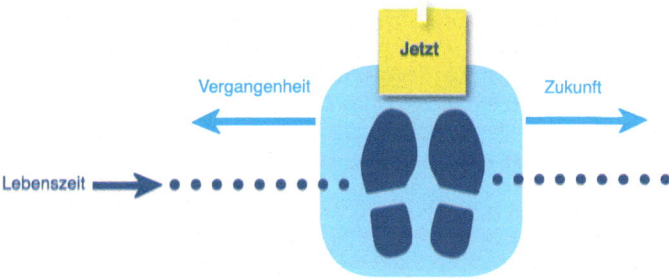

Abb. 4.2a Die eigene Zeitlinie mit der Markierung der **Gegen**wart auslegen

einem Notizzettel, passend zu Ihrem inneren Maßstab (Abb. 4.2b).

3. Gehen Sie nun zu dem Punkt auf Ihrer Zeitlinie, an dem die Zielerreichung gerade Vergangenheit ist. Sie blicken aus der Zukunft auf Ihr Ziel. Markieren Sie den Punkt mit einem Zettel (Ziel+eine Woche). Assoziieren Sie sich in den Zustand. Schauen Sie sich in diesem inneren Bild um (4.2c). Wie sieht „Ihre Welt" aus nach der Zielerreichung? Lauschen Sie. Was hören Sie, nachdem Sie Ihr Ziel erreicht haben? Spüren Sie Beine, Arme, Rumpf – wie fühlen Sie sich in ihrem Körper nach der Zielerreichung? Lassen Sie sich überraschen. Was nehmen Sie wahr? Wie geht es Ihnen jetzt hier? Wie hat sich die Zielerreichung nach einer Woche bei Ihnen ausgewirkt? Welche erwünschten Wirkungen stellen sich ein und welche unerwünschten Wirkungen treten auf?

4. Klatschen Sie in die Hände, schauen Sie sich im Raum um und treten Sie aus der Zeitlinie heraus. Nehmen Sie ein paar Schritte Abstand, bis Sie Überblick über Ihre Zeitlinie haben, und markieren Sie den Platz am Boden mit einem Zettel (Abb. 4.2d). Wie ging es der Person gerade am Platz „Ziel+eine Woche"? Reflektieren Sie über sich von außen. Entscheiden Sie: Ist Ihr Ziel aus

Abb. 4.2b Auf der eigenen Zeitlinie den Zeitpunkt der Zielerreichung markieren

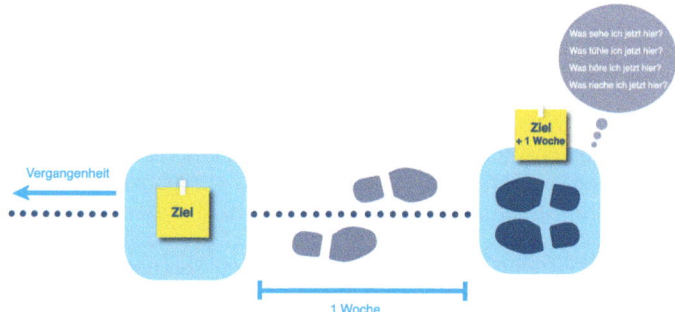

Abb. 4.2c Den eigenen Zustand nach der Erreichung des Ziels erleben

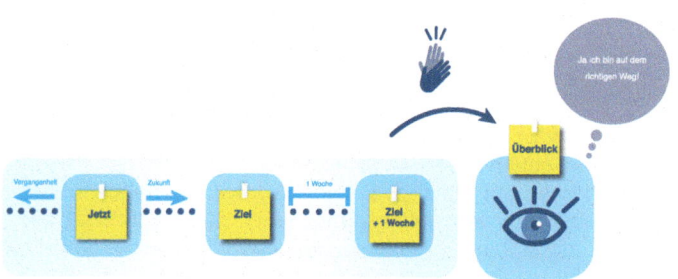

Abb. 4.2d Aus Distanz den Weg zum Ziel und die kurzfristige Wirkung der Zielerreichung betrachten

dieser Perspektive attraktiv? Lohnt sich der Weg? Von hier aus können Sie es gut beurteilen.

5. Sie interessieren sich für weitere zukünftige Wirkungen der Zielerreichung? Dazu gehen Sie wieder auf der Zeit-linie von Ziel zu einem zweiten zukünftigen Zeitpunkt, den Sie ebenfalls markieren (Ziel+sechs Monate). Wie zuvor assoziieren Sie sich in diesen Zustand. Schauen Sie sich in diesem inneren Bild um (Abb. 4.2e). Wie sieht

„Ihre Welt" der Zielerreichung nach sechs Monaten aus? Lauschen Sie. Was hören Sie, nachdem Sie Ihr Ziel erreicht haben? Spüren Sie Beine, Arme, Rumpf – wie fühlen Sie sich in Ihrem Körper nach der Zielerreichung? Lassen Sie sich überraschen. Was nehmen Sie wahr? Wie geht es Ihnen jetzt hier? Wie hat sich die Zielerreichung bei Ihnen ausgewirkt? Welche erwünschten Wirkungen stellen sich ein und welche unerwünschten Wirkungen treten auf?

6. Klatschen Sie noch einmal in die Hände, schauen Sie sich im Raum um und treten Sie aus der Zeitlinie heraus und stellen Sie sich auf (Überblick). Fragen Sie sich erneut: Ist Ihr Ziel aus dieser Perspektive attraktiv? Lohnt sich der Weg? Welche Ressourcen haben Sie benötigt? Von hier aus können Sie es gut beurteilen (Abb. 4.2f).

7. Wiederholen Sie das Vorgehen und korrigieren Sie Ihr Ziel bis die Wirkung der Zielerreichung Ihrem Wunsch entspricht. Nutzen Sie die gesamte Zeitlinie. Durch das Klatschen und Umhersehen zwischen den Positionen unterbrechen Sie die assoziierte Perspektive und bereiten sich auf die nächste Position vor. Das ist wichtig, um eine Position von der anderen im inneren Erleben zu separieren. Gehen Sie auch noch einmal zum Platz „Jetzt". Haben Sie hier Ihre ersten Handlungen

Abb. 4.2e Die langfristige Wirkung der Zielerreichung erleben

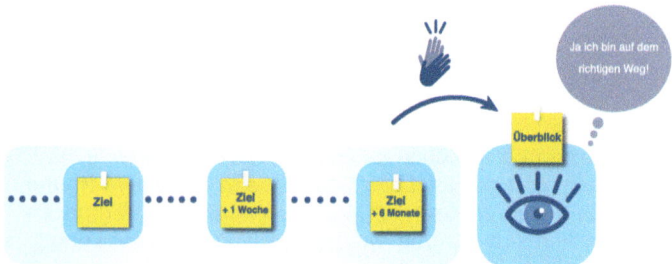

Abb. 4.2f Aus Distanz die kurzfristige und die langfristige Wirkung der Zielerreichung betrachten

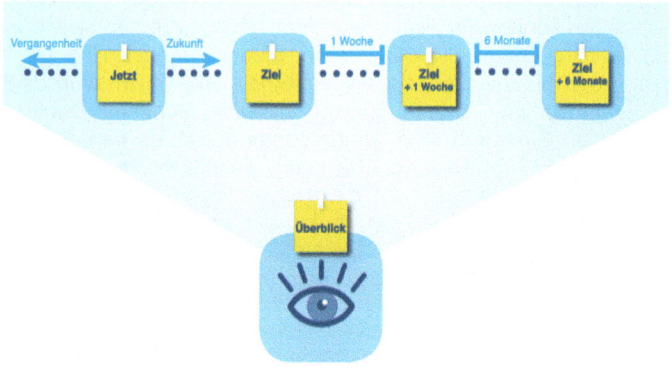

Abb. 4.2g Alle Positionen nutzen, um das Ziel, den Weg und die Wirkung der Zielerreichung passend zu gestalten

zur Zielerreichung bereits realisiert? Woran genau und wann genau werden Sie es merken, dass Sie das angestrebte Ziel Schritt für Schritt realisieren? Wie wird sich eine sinnlich konkrete Gewissheit einstellen, dass Sie auf dem richtigen Weg sind? Werden Sie es sehen, spüren, hören, schmecken, riechen?

Wechseln Sie zwischen den markierten Positionen, bis sich alles stimmig anfühlt (Abb. 4.2g). Nun können Sie entschieden sagen: „Ja, ich bin auf dem richtigen Weg und stehe hinter meinem Ziel."

Diese Art des Zielerlebens mit der Zeitlinie stammt aus eigenen praktischen Erfahrungen im Training und Coaching mit der Methodensammlung des Neuro-Linguistischen Programmierens (NLP). Die Bezeichnung NLP soll ausdrücken, dass Vorgänge im Gehirn (= neuro) mithilfe der Sprache (= linguistisch) auf der Basis systematischer Handlungsanweisungen änderbar sind (= programmieren) (Birker und Birker 1997).

Mit allen Sinnen „erlebte" Ziele – wie im Tipp geschildert – ermöglichen Ihnen eine klare Entscheidung. Entscheidend ist der Prozess des Wählens zwischen mindestens zwei Optionen mit dem Ziel, erwünschte Konsequenzen zu erreichen und unerwünschte Konsequenzen zu vermeiden (Betsch et al. 2011). Wir durchdenken den Prozess, um mögliche Hindernisse vorherzusehen und passende Strategien zu entwickeln. Diese Prozesse laufen regelmäßig ab. Sie werden Routine, das heißt, sie laufen unbewusst ab. Unsere oben genannte Zielklärung hebt den Vorgang ins Bewusstsein, das macht Optimierung möglich. Ich stehe eindeutig hinter meinem Ziel. Diesen natürlichen Vorgang der *Antizipation* kann man bewusst einsetzen, um die eigene Klarheit zu steigern. Wenn Sie die Zukunft einmal als positiv „erlebt" haben, dann wird das Ziel viel leichter verhaltenswirksam.

Es ist möglich, dass Sie nach der letzten Übung ein wirklich klares Ziel haben. In der *VUKA*-Welt sind die Veränderungen Programm. Über die *nonverbalen* Kommunikationsanteile übertragen sich eigene innere Zweifel im Gespräch. Der Empfänger der Botschaft erhält mehrdeutige Informationen (Schulz von Thun 2017). Da diese Informationen nicht explizit angesprochen werden, bleibt die Nachricht unklar. Eindeutig kann ich nur sein, wenn ich die *Ambivalenzen* vorher in mir sortiere. Damit ich sagen kann, was ich will, brauche ich innere klare Entschiedenheit. Das heißt, Sie müssen Ihr Ziel konstant nachjustieren, um auf Kurs zu bleiben. Wie entsteht der Kurs, nach dem Sie Ihre Ziele ausrichten?

Die Erfahrungen unseres Lebens haben sich in uns eingeprägt. Wir haben in jeder Minute unseres Lebens gelernt. Auf dieser Basis planen wir voraus, wir antizipieren Ereignisse und stellen uns darauf ein und wir träumen von etwas und freuen uns darauf. Der Traum unterscheidet sich vom Ziel dadurch, dass er nicht die Härten des aktuellen Alltags berücksichtigen muss. Er ähnelt dem attraktiven Ziel dadurch, dass das, was Ihnen wichtig ist, die persönlichen Werte, enthalten sind. Diese Verbindung in der Qualität der Vorwegnahme der Handlungsfolgen ist für die motivierende Wirkung wesentlich, wie auch sozial-kognitiv motivierte Arbeiten zum Priming (Kap. 1) von Zielen belegen (vgl. z. B. Förster et al. 2007; Papies 2016). Im Management spricht man nicht vom Traum, sondern von der Vision, die die Sinnhaftigkeit im Veränderungsprozess vermittelt (Starker und Peschke 2017). Den Sinn erleben Menschen nur dann, wenn ihre persönlichen Werte in der Vision erlebbar werden. Die

Vision gibt den Kurs vor, den wir brauchen, um unsere Ziele in der *volatilen* Welt immer wieder neu zu justieren. Das stimmt für den Einzelnen genauso wie für Teams oder Organisationen. Durch den Traum entsteht der Zielkorridor, der Möglichkeitsraum, in dem Sie sich bewusst ausrichten, um bei *Ambivalenzen* entscheiden zu können und klar und eindeutig zu kommunizieren.

Fallbeispiel 4.2 (Fortsetzung von 4.1)

Erik hat das in der Vergangenheit schon unbewusst richtig gemacht. Er hat von der Marketingabteilung geträumt: sich vorgestellt, wie er mit Farben und Formen, Medien jeder Art kreativ arbeitet. Das Fenster ist auf, und es riecht nach Frühling. Er konnte spüren, wie er an einem hohen Tisch steht, im hellen Büro, umgeben vom Team der Kollegen, angeregt verschiedene Ideen diskutierend. Den Geschmack des scharfen Espresso auf der Zunge, hörte er die Stimmen, das leise Hintergrundsummen der Elektronik, seine Vorgesetzte, die seine Idee unterstützt. Mit alldem fühlte er sein Lächeln, sich ausbreitend im ganzen Körper. Dieser Traum resultierte in einem klaren „Ja, das will ich!".

Der Traum, den Erik geträumt hat, ist emotional so positiv für ihn, dass er das Wohlbefinden mit jeder Zelle seines Körpers spüren konnte. Die damit verbundene hormonelle Aktivierung und Ausschüttung von Dopamin und Oxytocin verankert die Erfahrung als wesentlich, unabhängig davon, ob es eine Vorstellung oder eine erlebte Erfahrung war. Während Oxytocin über eine Dämpfung von Angst und Stress das Erleben sozialer Nähe und Bindung erlaubt, erhöht Dopamin die Motivation, sich positiven Reizen und Situationen anzunähern (Kirsch und Gruppe 2017). Erik schafft damit das Fundament für Sicherheit und Entwicklung.

Nutzen Sie dieses Vorgehen zur Verankerung Ihres Zielkorridors und zur Stabilisierung Ihrer inneren Klarheit im beruflichen Alltag, in Ihrem ehrenamtlichen Arbeitskontext oder auch für ganz private Arbeitstage.

Tipp

Methode „Der ideale Arbeitstag":

1. Wählen Sie eine ruhige Umgebung, in der Sie zwanzig Minuten „träumen" können.
2. Bitte stellen Sie sich vor: Die Zeit ist vorangeschritten, falls Sie Kinder haben, sind diese nun circa zwei Jahre älter, vielleicht haben Sie selbst graue Haare bekommen oder der Bau Ihrer Garage ist abgeschlossen, die Zusammenlegung der Abteilungen A und B ist Geschichte oder, oder … (Sie brauchen einen maßgeblichen zeitlichen Abstand, um sich von den Härten des Alltags lösen zu können und wirklich zu träumen.) Mit der Zeit hat sich Ihre Arbeit wie durch ein Wunder zum Besseren entwickelt. Sie erleben Ihren Alltag jetzt als wirklich ideal. Bitte stellen Sie sich diesen idealen Tag mit allen Sinnen vor. Lauschen Sie, wie hört sich Ihre ideale Arbeitsumgebung an? Möglicherweise hören Sie auch einen unterstützenden inneren Dialog. Spüren Sie Motivation, Zufriedenheit, Freude, Engagement, all die – für Sie – positiven Gefühle, und lassen Sie sich überraschen, welche inneren Bilder dazu in Ihnen auftauchen. Schauen Sie sich an Ihrem idealen Arbeitsplatz um. Welchen Menschen begegnen Sie? Wie reagieren diese im Kontakt? Wie reagieren Sie selbst? Welche Aufgaben erledigen Sie? Nehmen Sie sich Zeit und „reisen" Sie durch diesen idealen Alltag vom Aufstehen morgens

bis zum Einschlafen abends. Erleben Sie auch die idealen Übergänge zwischen Arbeit und Freizeit.

3. Diesen Traum – diese Vision – dürfen Sie gerne mehrfach träumen, genießen, notieren, verfeinern. Sie erreichen dadurch eine innere Ausrichtung auf dieses Ideal.

4. Stellen Sie sich eine Skala von 0 bis 10 vor, dieses Ideal stellt den Wert 10 dar.

5. Sicher gab es in Ihrer Berufstätigkeit auch schon sehr schlechte Tage. Einer dieser sehr schlechten Tage ist symbolisiert durch den Wert 0.

6. Wo befinden Sie sich heute? Wie ist es Ihnen gelungen, diesen heutigen Wert zu erreichen? Waren Sie auf der Skala schon einmal höher? Wie haben Sie das möglich gemacht? Wie könnten Sie den nächsten Schritt auf der Skala in Richtung 10 – hin zu Ihrer Vision – machen? Mit welchem Wert wären Sie schon sehr zufrieden? Sie merken, hier geht es nicht um gut oder schlecht, sondern um besser.

Die Art dieses Vorgehens hat ihre Wurzeln in der lösungsfokussierten Arbeit von Steve de Shazer und Kim Insoo Berg (de Shazer 2010; de Shazer und Dolan 2011; Sparrer 2001). Der traumhafte Zustand ist über die Skala mit dem jetzigen Zustand verbunden. Zwischenziele sind erlebbar, Fortschritt wird möglich, Rückschritt erscheint als kleine Lernschleife. Sie steigern mit dieser Methode die Wahrnehmung Ihrer eigenen Wirksamkeit. Das reduziert Stress, wie wir im ersten Teil erfahren haben, und gibt Sicherheit.

Unser beruflicher Alltag ist von vielen unbewussten Prozessen durchzogen. Gerade einen guten, erfahrenen Mitarbeiter kennzeichnet die Fähigkeit, viele Handlungen und Entscheidungen „ohne großes Nachdenken" durchzuführen. Klarheit entsteht dadurch, dass ich zu jeder

Zeit und auf allen Ebenen weiß, was mir und meinem Team oder meiner Organisation wichtig ist. Meine Werte zu kennen, hilft mir mich selbst, meine Emotionen und Reaktionen besser zu verstehen.

Denn unsere Werte sind …

- prägend in jeder Handlung,
- Bausteine der Team- oder Familienkultur,
- Grundannahmen, die sich in Entscheidungen zeigen,
- mehrdeutig, daher abhängig vom Kontext,
- persönliche Sinngeber (Ferrari 2014),
- der rote Faden in unserem Leben.

Tipp

Methode wertvolle Themen extrahieren 32 – 16 – 8 – 4 nach Varga von Kibéd (2015; Ferrari 2014)
Bitte nutzen Sie die Vision „Der ideale Arbeitstag" aus dem vorangegangenen Tipp.

1. Notieren Sie 32 beliebige Stichworte (Substantive, Adjektive, Adverbien, Verben), die Ihnen relevant erscheinen, aus ihrer Vision.
2. Nehmen Sie die ersten beiden Worte und sprechen Sie sie laut aus. Was ist Ihnen daran wichtig? Fassen Sie die Worte intuitiv zu einem Begriff zusammen. Das Ergebnis darf ein neuer oder zusammengesetzter Begriff oder auch eins der beiden Worte sein. Schreiben Sie dieses Wort auf. Diesen Vorgang wiederholen Sie mit den verbleibenden 30 Begriffen 15 Mal.
3. Nun haben Sie 16 Begriffe. Mit diesen 16 Begriffen führen Sie den Vorgang wie oben erläutert erneut aus.
4. Sie erhalten nun 8 Begriffe. Diese 8 dürften gemeinsam haben, dass sie Ihnen wirklich wichtig sind. Sie stellen wertvolle Themen dar.

5. Um die Werte weiter zu verdichten, wenden Sie das beschriebene Vorgehen erneut an. Damit erreichen Sie vier persönliche, wertvolle Themen, die Ihr Handeln im Arbeitsalltag prägen.

Fallbeispiel 4.3 (Fortsetzung von 4.1 und 4.2)

Seit zwei Monaten ist Erik im Gespräch mit der Geschäftsführung. Seine Vorgesetzte hatte ihm vorgeschlagen, das Konzept *Corporate Social Responsibility (CSR)* innerhalb des neuen Businessmodells mit auszuarbeiten. Sie findet, dass Erik sein Engagement, seine Marketingkenntnisse und seine Kenntnisse aus der Produktion hier sehr gut einbringen kann. Erik war HSE (Health, Safety, Environment)-Beauftragter in der Produktion. Seit er Vater ist, ist seine Bereitschaft, sich sozial verantwortlich zu verhalten, noch gestiegen. Er ist begeistert, am CSR-Konzept mitzuarbeiten, nur seine Frau ist total dagegen.

Im Fallbeispiel wird deutlich wie die Werte in uns wirken. Der Wert soziale Verantwortung war bei Erik schon in der Produktionsabteilung verhaltensrelevant. Er hatte die HSE-Aufgabe – zusätzlich zu seiner Regelarbeit – übernommen. Der Wert Kreativität bewegte ihn dazu, in die Marketingabteilung zu wechseln. In diesem neuen Kontext stellte er die Relevanz der sozialen Verantwortung zurück. Mit der Vaterrolle wird der Wert wieder wichtiger. Seine Tochter soll eine lebenswerte Zukunft haben.

Seine Vorgesetzte ist sehr aufmerksam. Sie spricht mit ihrem Angebot exakt diese zentralen Werte an. Im CSR-Projekt kann Erik Kreativität und soziale

Verantwortung leben. Natürlich ist er begeistert, motiviert. Die Möglichkeit, konform mit seinen Werten zu handeln, ist sinnstiftend. Das führt zu einem klaren „Ja, das will ich". Im Familienkontext möchte er den Wert der sozialen Verantwortung auch realisieren und Zeit für Frau und Kind haben. Ziele der beruflichen Rolle und der Vaterrolle stehen in Spannung zueinander. So kommen wir zum nächsten Thema, dem Umgang mit *Ambivalenz,* auf das wir im folgenden Kapitel näher eingehen werden.

Fazit

In der Arbeitswelt werden Ziele häufig durch Kennzahlen beschrieben. Zahlen sind objektiv messbar, jedoch per se selten motivierend. Erlebbare Ziele geben die Möglichkeit zu prüfen, ob das Ziel tatsächlich attraktiv ist, ob es kongruent ist mit den Werten des Einzelnen. Sobald dieser im Ziel die Realisation seiner Werte sieht und erlebt, dass der Preis der Zielerreichung „bezahlbar" erscheint, wird die Motivation spürbar. Die eigenen Werte können spielerisch erkannt werden. Ehrenamtliche Tätigkeit wird dadurch getragen, dass Menschen die Handlungen in Übereinstimmung mit ihren persönlichen Werten erleben. Der Lohn der Tätigkeit ist Wertekongruenz, das heißt das Empfinden von Sinn und Erfüllung.

Mit der Methode „Der ideale Arbeitstag" wird das Konzept der Motivation durch Wertekongruenz auf den normalen Arbeitsalltag übertragen. „Der ideale Arbeitstag" wirkt wie die Vision in einem Veränderungsprozess als Leitbild. Durch das lösungsfokussierte Vorgehen wird aus dem Ideal (entspricht dem Wert 10) und dem unerwünschten Zustand (entspricht dem Wert 0) eine Skala entwickelt. So ist es möglich, sich kleine Schritte bewusst zu machen, mit denen durch selbstverantwortliches Handeln eine Veränderung in die erwünschte Richtung bewirkt wurde oder werden wird. Volatile Zeiten verlangen nach Möglichkeiten der Zielausrichtung, die Menschen den Raum geben, selbstverantwortlich in Übereinstimmung mit dem Kurs des Unternehmens nachzusteuern. Dies gilt für Führungskräfte wie für Mitarbeiter gleichermaßen, wenn sie erkennen, dass Veränderungen im Kontext eine Anpassung erforderlich machen.

Literatur

Betsch, T., Funke, J., & Plessner, H. (2011). *Denken, Urteilen, Entscheiden, Problemlösen*. Berlin, Heidelberg: Springer.

Birker, G., & Birker, K. (1997). *Was ist NLP? Grundlagen und Begriffe des neuro-linguistischen Programmierens.* Reinbek: Rowohlt.

de Shazer, S., (2010). *Der Dreh. Überraschende Wendungen und Lösungen in der Kurzzeittherapie.* Heidelberg: Carl Auer.

de Shazer, S., & Dolan, Y. (2011). *Mehr als ein Wunder. Lösungsfokussierte Kurztherapie heute.* Heidelberg: Carl Auer.

Ferrari, E. (2014). *Führung im Raum der Werte.* Aachen: FerrariMedia.

Förster, J., Liberman, N., & Friedman, R. S. (2007). Seven principles of goal activation: A systematic approach to distinguishing goal priming from priming of non-goal constructs. *Personality and Social Psychology Review, 11*(3), 211–233.

James, T., & Marwitz, K. (1992). *Time coaching: programmieren Sie Ihre Zukunft… jetzt!* Paderborn: Junfermann.

Kirsch, P., & Gruppe, H. (2017). Neuromodulatorische Einflüsse auf das Wohlbefinden: Dopamin und Oxytocin. In R. Frank (Hrsg.), *Therapieziel Wohlbefinden. Ressourcen aktivieren in der Psychotherapie* (S. 301–313) (3. Aufl.). Berlin, Heidelberg: Springer.

Papies, E. K. (2016). Goal priming as a situated intervention tool. *Current Opinion in Psychology, 12*, 12–16.

Schulz von Thun, F. (2017). *Miteinander reden 3. Das "Innere Team" und situationsgerechte Kommunikation. Kommunikation, Person, Situation* (26. Aufl). Reinbek: rororo.

Sparrer, I. (2001). *Wunder, Lösung und System. Lösungsfokussierte Systemische Strukturaufstellungen für Therapie und Organisationsberatung.* Heidelberg: Carl Auer.

Starker, V., & Peschke, T. (2017). *Hypnosystemische Perspektiven im Change Management: Veränderung steuern in einer volatilen, komplexen und widersprüchlichen Welt.* Berlin, Heidelberg: Springer.

Varga von Kibéd, M. (2015). Das SySt-Wertequadrat. *SyStemischer, 6*, 12–33.

5

Raus aus der Zwickmühle

Du kannst nicht zwei Pferde mit einem Hintern reiten
(Woody Allen).

Eine Zwickmühle bezeichnet eine Situation, die zwei
Möglichkeiten der Entscheidung bietet, die beide zu
einem nicht zufriedenstellenden Resultat führen. Auch bei
großer Zielklarheit passiert das häufig. Eine ähnliche Situation beschreibt die Philosophie mit dem Buridan'schen
Paradoxon (zurückzuführen auf Al-Ghazäli 1058–1111),
in dem ein Esel zwischen zwei gleich großen und gleich
weit entfernten Heuhaufen steht. Da er sich nicht entscheiden kann, welchen er zuerst fressen soll, verhungert
er. In der privaten Welt und der digitalen Arbeitswelt
leben wir mit unzähligen Wahlmöglichkeiten. Comedy

© Springer-Verlag GmbH Deutschland, ein Teil von Springer
Nature 2019
K. Mierke und E. van Amern, *Klare Ziele, klare Grenzen*,
https://doi.org/10.1007/978-3-662-56826-2_5

erheitert das Publikum mit dem Frage-und-Antwort-
Spiel bei der Bestellung eines Coffee to go in der Filiale
einer Kaffeehauskette. Einige Unternehmen sind sich
dieser Herausforderung bewusst und beschreiben ihre
Philosophie, ihre Kultur und damit ihre Werte, um Orientierung im Entscheiden und Handeln zu geben.

> **Fragen**
>
> Welcher Ihrer Werte ist wichtiger?
> Wie entscheiden Sie unter Stress?
> Wie steuern die Werte Ihr Handeln?
> Wie gehen Sie mit *Ambivalenzen* um?
> Wie kann die Spannung zwischen zwei Werten hilfreich
> sein?

Psychologische und philosophische Forschung beschäftigt
sich seit ihrer Existenz mit den Herausforderungen der
menschlichen Entscheidung. *Duale Prozesstheorien* unterscheiden hier zwei prototypische *Modi,* einen teilweise
unbewussten, quasi automatischen, und einen bewussten,
kontrollierten Prozess. Das Elaboration Likelihood Model
(Petty und Cacioppo 1986) beschreibt, dass wir bei hinreichender Motivation (z. B. durch subjektive Wichtigkeit
oder persönliche Betroffenheit) und hinreichender mentaler Kapazität eine aufwendige Prüfung relevanter Informationen, Argumente und Möglichkeiten vornehmen.
Die Autoren bezeichnen dies als die zentrale Route der
Verarbeitung.

In vielen Fällen entscheiden Menschen jedoch intuitiv,
da dies die bequemste und schnellste Art des Entscheidens

ist. Geringe *Elaboration,* geringer Aufwand der Prüfung, prägt den Entscheidungsprozess der peripheren Route. Wir sind dabei empfänglich für Hinweisreize, die *Heuristiken* in uns aktivieren. Dies kann das Verhalten einer Mehrheit sein, die Empfehlung eines Experten oder die schiere Anzahl der Pro-Argumente, ungeachtet von deren Qualität.

Bei komplexen Problemen und hoher Ungewissheit hilft uns die aufwendige Prüfung aller Details häufig nicht weiter. Wir landen in der Verwirrung. Nur die Heuristiken und unsere durch Anlage und Erfahrung ausgebildeten Fähigkeiten, unser adaptiver Werkzeugkasten helfen uns, die Situation zu lösen (Gigerenzer 2018). Der bewusste Vorgang der Abwägung unterstützt mich da, wo ich den Eindruck habe, dass ich die positiven Folgen und die Risiken meiner Entscheidung einschätzen kann.

Die Hirnforschung weist diesen Prozessen unterschiedliche Hirnareale zu. Der evolutionär ältere Hirnbereich ist das limbische System, dort werden Emotionen verarbeitet. Es ist der Platz der Intuition, der peripheren Route, auch als System 1 bezeichnet. In einem Denkprozess kooperiert er ständig mit dem stammesgeschichtlich jüngeren System 2 im seitlichen präfrontalen Cortex, wo die zentrale differenzierte rationale Verarbeitung stattfindet (Kahneman et al. 1982). Das Zusammenspiel beider Areale ist ideal. Im limbischen System ist es besonders die Amygdala, die bei der Wiedererkennung von Situationen sowie der Analyse möglicher Gefahren reagiert. Hier werden alle Reize emotional bewertet.

Signalisiert die Amygdala Gefahr, weil beispielsweise ein wichtiger Termin nicht gehalten werden kann, so wird über das Stammhirn die Stressreaktion ausgelöst. Werden wir in dieser Situation mit einer Aufgabe konfrontiert, scheuen wir die Auseinandersetzung, die ein Nein bringen könnte, und sind zu schnell bereit, Ja zu sagen (Abb. 5.1). Das System 2 – der präfrontale Cortex – wird durch die Reaktion der Amygdala blockiert, das heißt rationale, intellektuelle Fähigkeiten werden nicht in den Entscheidungsprozess einbezogen. Das war vielleicht für den Urzeitmenschen ideal, um in kürzester Zeit reflexhafte Überlebensmuster zu aktivieren. In unserer Arbeitswelt führt es dazu, dass Ihnen die passenden Argumente und von Ihnen erwünschte Handlungen erst einige Stunden nach der Situation einfallen – erst zu diesem Zeitpunkt sind Sie so entspannt, dass die zentrale Route der Verarbeitung wieder genutzt wird, das rationale System 2 wieder aktiv ist und Sie die vergangene Situation rational reflektieren und klug handeln können (Abb. 5.2).

Erschöpfung reduziert die Leistungsfähigkeit von System 2. Die differenzierte rationale Verarbeitung von Informationen kostet Energie. Daher schaltet das Gehirn bei Müdigkeit oder unter Stress zunehmend auf System 1, geringe *Elaboration,* sprich „Autopilot", um. Und System 1 bevorzugt kurzfristige Belohnung (Kap. 1). Das zufriedene Lächeln des Kollegen, der gerade erfolgreich eine Aufgabe an Sie delegiert hat, kann diese kurzfristige Belohnung sein. Die längerfristigen Auswirkungen auf Ihr Zeitmanagement fallen Ihnen erst später wieder ein. Um diesem Effekt vorzubeugen ist es wesentlich, den eigenen Zustand zu kennen und aktiv zu optimieren.

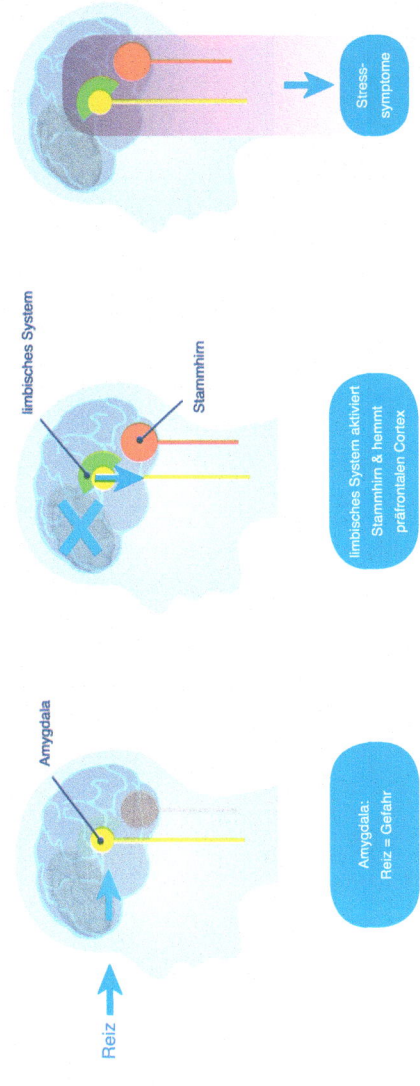

Abb. 5.1   Emotionale Verarbeitung: System 1 im menschlichen Gehirn

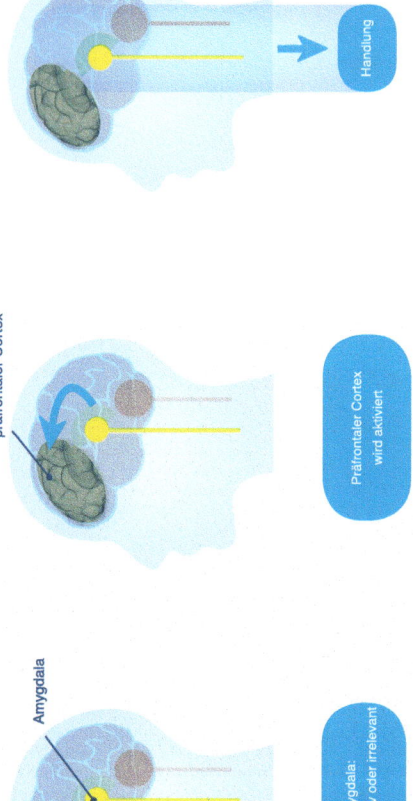

Abb. 5.2 Rationale Verarbeitung: System 2 im menschlichen Gehirn

Mithilfe der folgenden kleinen Übungen stabilisieren Sie die Basis für die ausgewogene Interaktion zwischen System 1 und System 2, das heißt Ihre Balance zwischen Anspannung und Entspannung. Diese Balance ist die Basis für innere Sicherheit und Klarheit in Ihren Entscheidungen.

> **Tipp**
>
> Nehmen Sie sich Bedenkzeit und atmen Sie mindestens dreimal langanhaltend aus, bevor Sie bei einer kurzfristigen Anfrage eine Entscheidung treffen. Das lange Ausatmen aktiviert das parasympathische System – den Stressgegenspieler –, dadurch steht Ihnen das rationale System 2 eher zur Verfügung. Sollten Sie sich müde und erschöpft fühlen, gönnen Sie sich vor der Entscheidung eine Pause oder vertagen Sie die Reaktion auf einen späteren Zeitpunkt.
>
> Für langfristigen Erfolg trainieren Sie täglich die Herzkohärenzatmung:
>
> Sie atmen in einem regelmäßigen 5-Sekunden-Takt ein und aus. Das heißt, Sie machen sechs vollständige Atemzüge in einer Minute. Üben Sie jeden Tag dreimal 5 min. Damit stimulieren Sie Ihren *Parasympathikus*, reduzieren Stressbelastung und synchronisieren Herzschlag und Atmung (Seidel 1999). Nach Bedarf finden Sie Unterstützung durch Biofeedbackgeräte oder kostenfreie Smartphone-Apps (Mück-Weymann und Beise 2005).

In unserem Fallbeispiel aus Kap. 4 heißt der Zusammenhang zwischen Müdigkeit und Leistungsfähigkeit von System 2, dass Erik trotz seiner Begeisterung über die neuen Möglichkeiten im Unternehmen abends im Dialog mit seiner Frau vermutlich nicht in der Lage sein wird, seine Perspektive und seine Bedürfnisse – im Kontrast zu ihrer Haltung – adäquat zu erläutern oder zu verteidigen.

Fallbeispiel 5.1 (Fortsetzung von Fallbeispiel 4.1)

Erik zermartert sich den Kopf. Er hat Sorge, dass er das Angebot nicht ausschlagen darf. Es würde seiner Karriere so guttun. Andererseits genießt er wirklich die Zeit zu Hause mit Frau und Kind. Mit der neuen Aufgabe würde diese Zeit sicherlich extrem reduziert werden. Das Gespräch mit seiner Frau am Abend war erfolglos. Er liegt nachts wach und grübelt.

In der Psychologie wird die Zwickmühle unseres Fallbeispiels gerne als ein innerer Dialog, als Verhandlung von zwei oder mehr Persönlichkeitsanteilen angesehen. Schon Goethe drückte im Faust mit „Zwei Seelen wohnen, ach! in meiner Brust. Die eine will sich von der anderen trennen …" (Goethe 1808) diese Wahrnehmung von innerer Pluralität aus. Die Aussage: „Ich bin da mit mir noch nicht eins" beschreibt den Wunsch, im Inneren zu Einigkeit zu gelangen. Schulz von Thun entwickelte 1998 mit dem Modell des inneren Teams einen Ansatz, der diesem Thema Rechnung trägt. Das innere Team ist dabei eine Metapher, die die Selbstklärung unterstützt. Sie hilft dabei, einzelne innere Antriebe mit ihrem Bedürfnis bzw. ihrer guten Absicht zu identifizieren und Lösungen zu entwickeln. Exemplarisch möchten wir zwei Gegenspieler, die im inneren Team immer wieder auftreten, näher betrachten (Schulz von Thun 2017).

In unserem Fallbeispiel gibt es in Erik die innere Stimme, die dagegen ist, das Angebot auszuschlagen, und sicher ist, dass das Angebot der Karriere dient. Stellen wir uns vor, ein innerer Anteil, hier symbolisiert durch den kleinen roten Mund, entspricht dieser inneren Stimme.

In Kap. 2 haben wir die stressverstärkenden Glaubenssätze kennengelernt. Die könnten auch von dem roten Anteil kommen: „Du musst perfekt sein! Du musst erfolgreich sein!" In Seminaren und Coachings zu Stress- und Selbstmanagement sagen Teilnehmende, sie hören den roten Anteil schon morgens beim Aufstehen, indem er ihnen die täglichen Aufgaben aufzählt (Abb. 5.3).

Genauso können sie ihn am Feierabend hören, wenn sie auf alle Tätigkeiten hingewiesen werden, die in der Familie oder im Haushalt noch auf sie warten. Manche würden diesen Persönlichkeitsanteil gerne ruhigstellen. Sie sind es leid, von morgens bis abends angetrieben zu werden. Sie berichten, dass der rote Anteil ihnen keine Pause gönnt. Sobald Stille eintritt, hören sie den roten Anteil mit Aufforderungen, die To-do Listen abzuarbeiten. Bekommen sie ein Lob, was selten genug der Fall ist, so klagt der rote Anteil über die Fehler, die die anderen nicht bemerkt haben. Der rote Anteil kennt alle ihre Schwächen und hält sie ihnen oft genug vor. Man nennt diesen roten Anteil auch den inneren Kritiker oder Antreiber (Kap. 2). Manche Menschen werden diesen Persönlichkeitsanteil nicht los, und es wäre auch nicht sinnvoll. Dazu kommen wir später.

Betrachten wir einen zweiten Persönlichkeitsanteil, hier symbolisiert durch den grünen Mund. In unserem Fallbeispiel entsteht die Spannung in Erik dadurch, dass er mehr Zeit für die Familie haben möchte. Er spürt, dass er die Zeit genießt. Der grüne Anteil steht für wesentliche innere Regenerationsbedürfnisse, zum Beispiel für ein Bedürfnis nach Lebensfreude, Ruhe und sozialer Nähe.

Den grünen Anteil nehmen wir eher körperlich und häufig zu spät wahr. Dann äußert er sich z. B. durch den

Abb. 5.3   Der kritische rote Anteil

Mangel an Ruhe mit Kopfschmerzen und Spannungsgefühlen. Die fehlende Mittagspause kommentiert er vielleicht durch Konzentrationsschwierigkeiten, die emotionale Einsamkeit durch schlechte Laune, den Mangel an Bewegung durch Rückenschmerzen und Verdauungsstörungen (Abb. 5.4).

Besonders unangenehm wird die Lage, wenn der rote Anteil Leistung fordert, und der grüne Anteil die Leistungsfähigkeit durch körperliche Symptome blockiert, die anzeigen, dass die Ressourcen erschöpft sind (Abb. 5.5). Meist stachelt das den roten Anteil besonders an.

Abb. 5.4   Der regenerierende grüne Anteil

Fallbeispiel 5.2 (Fortsetzung von Fallbeispiel 5.1)

Erik möchte seine Karriere im Unternehmen gerne fortsetzen. Der rote Anteil fordert von ihm, diese Gelegenheit wahrzunehmen. Fast jeder kennt die Situation, dass der Schreibtisch abends immer noch voll ist und man wirklich das Gefühl hat, noch einige Dinge zu Ende bringen zu müssen. Diese Anforderung an sich selbst führt dazu, dass Erik zu Hause anrufen und länger im Büro bleiben wird. Der rote Anteil schreit: „Du musst das noch fertig machen!" Derweil wird spürbar, dass die Konzentrationsfähigkeit immer mehr nachlässt und er jeden Satz zweimal lesen muss. Umso weniger er sich konzentrieren kann, umso mehr wird er vom roten Anteil angetrieben. Schließlich geht er am fortgeschrittenen Abend nach Hause, mit schlechter Laune und dem Gefühl, weder die Aufgabe erfüllt zu haben, noch den Abend bei der Familie verbracht zu haben.

Abb. 5.5 Der rote und der grüne Anteil im Konflikt

Mit dieser klassischen Zwickmühle leben wir. Wir können sie nicht abschaffen, aber wir können zu mehr Ausgeglichenheit, mehr innerer Klarheit kommen.

Berne (2002) erkannte diese zentrale Spannung in seinen Klienten besonders im Gruppenkontext. Er differenzierte verschiedene Verhaltensweisen und stellte sechs Persönlichkeitsanteile fest. In Training und Coaching zeigte sich, dass – für dieses Thema – die Reduktion auf drei Anteile für viele Teilnehmer eine leichtere Anwendbarkeit bietet.

Der rote Anteil ...

- macht Vorschriften.
- erteilt Befehle.
- kontrolliert den Eindruck, den wir auf andere machen.
- droht mit Katastrophen bei Verstößen gegen die Vorschriften.
- vergleicht uns mit anderen, die sich besser verhalten.
- reibt uns Fehler, Versagen und Misserfolge unter die Nase.
- relativiert Erfolge.
- hinterfragt innovative Ideen.
- vertagt die Erfüllung von Bedürfnissen.
- kritisiert unsere Leistungen.
- verlangt von uns Perfektion und Vollkommenheit.
- sagt uns ständig, was wir noch alles tun müssen.
- duldet kein Mittelmaß.
- gönnt uns keine Pause.
- sagt uns „Reiß dich zusammen!" und „Streng dich an!".

Berne erfasst diesen Aspekt als kritisches Eltern-Ich, da viele Verhaltensweisen am Modell strenger Eltern erlernt wurden. In der Regel dominiert der rote Anteil den grünen.

Der grüne Anteil ...

- ist emotional und empfindsam.
- hat ursprüngliche Sehnsüchte und Bedürfnisse.
- trägt die Lebensfreude, Genussfähigkeit und Kreativität in sich.
- lebt nach Lust und Laune.
- ist voller Energie.
- ist interessiert an Neuem und optimistisch.
- drückt sich eher nonverbal aus.
- bezieht die Reaktionen der anderen Menschen auf sich.

Berne benennt diese Aspekte als Kind-Ich, da viele Verhaltensweisen in kindlichem Verhalten auftreten. Er differenziert weiter in drei verschiedene Kind-Ich Anteile, die für unser Beispiel weniger wichtig erscheinen. Wir lernen in unserer Jugend, diesen grünen Anteil zurückzunehmen, um soziale Anerkennung zu erhalten. Leider verstellen wir uns damit den Zugang zu wesentlichen *Ressourcen* und zur Regeneration.

> **Tipp**
>
> Stehen Sie auf und stellten Sie sich hinter Ihren Stuhl oder Sessel. Blicken Sie auf sich selbst, wie Sie gerade noch auf dem Stuhl oder im Sessel gesessen haben, so wie Sie auf einen guten Freund blicken würden. Nun haben Sie etwas Distanz zu sich, das unterstützt Ihre Möglichkeiten der Selbstreflexion (vgl. Kap. 4). In Coachingprozessen spricht man von der dissoziierten Position.
>
> - Wie geht es der Person, auf die Sie blicken?
> - Wie aktiv nehmen Sie den roten Anteil in der Person wahr und wie aktiv den grünen Anteil?
> - Welche Ideen, Angebote, Anregungen haben Sie, um für mehr Balance zwischen beiden zu sorgen – so, dass es der Person vor Ihnen besser geht?
> - Sind die Forderungen von Rot tatsächlich berechtigt? Alle?
> - Wem würde die Person vor Ihnen weniger ähnlich, wenn Sie manche Forderungen im Anspruch reduzieren oder auflösen?
> - Wie können Sie im guten Andenken an diese Person Frieden stiften zwischen dem roten und dem grünen Anteil?
> - Welche Bedürfnisse von Grün sollten berücksichtigt werden, um sich gut zu regenerieren oder wieder mehr Lebensfreude zu haben?

Setzen Sie sich nun wieder und nehmen Sie die Anregungen der Person, die gerade noch hinter Ihnen stand, auf. Sie sind jetzt in der assoziierten Position. Nehmen Sie nun wahr, wie diese Anregungen bei Ihnen ankommen.

- Welche ersten Schritte setzen Sie um? Seien Sie freundlich mit sich selbst und sehen Sie Umwege als Erkenntniswege. Gehen Sie kleine Schritte.

Dies ist eine Selbstklärungsstrategie, die Sie jederzeit anwenden können. Sie trainieren damit den blauen Anteil.

Der blaue Anteil ...

- hat die Fähigkeit, den beiden anderen Anteilen aufmerksam zuzuhören.
- akzeptiert alle Gefühle und kann darüber aus angemessener Distanz reflektieren.
- sorgt dafür, dass wir unsere Bedürfnisse wahrnehmen und auch erfüllen.
- setzt den Vorschriften des roten Anteils oder Antreibers Erlaubnisse entgegen.
- spricht in positiver unterstützender Weise mit uns.
- kann unterscheiden, wofür wir verantwortlich sind und wofür nicht.
- hat Geduld mit uns.
- sorgt dafür, dass wir Gesprächsziele beibehalten.
- verwaltet unsere Kompetenz.
- ist sachlich und behält einen „kühlen Kopf".
- sorgt für Klarheit.

Der blaue Anteil ist bei Berne (2002) das Erwachsenen-Ich. Kernkompetenz dieses Anteils ist die Reflexionsfähigkeit, das heißt die Fähigkeit, sich von sich selbst zu distanzieren, um über sich nachzudenken. Auch Schulz von Thun (2017) bezieht in seiner Metapher vom inneren Team immer einen zentralen steuernden Ich-Anteil mit ein. Die Selbstklärungsfähigkeit steht dabei im direkten Zusammenhang mit der Fähigkeit, sachlich konstruktiv steuernd mit den inneren Anteilen umzugehen (Abb. 5.6). In den Tipps in diesem Buch, in denen Sie räumliche Positionen wechseln, um aus anderen Perspektiven Erkenntnisse zu sammeln, trainieren Sie ebenfalls die Selbstklärungsfähigkeit. Diese impliziert die Kompetenz, mit eigenen Emotionen angemessen umzugehen, sich selbst beruhigen zu können, das heißt Selbst-Sicherheit zu generieren.

Abb. 5.6   Der blaue Anteil balanciert das innere Team

Bei fehlender Balance und einer Überbetonung Ihres roten Anteils sind Sie sehr empfänglich für Frustrationen durch Kritik an Ihrer Leistung oder Ihrer Person allgemein. Sie reagieren schnell gereizt und verärgert. Es fällt Ihnen schwer, Kritik konstruktiv aufzunehmen. Bei fehlender Balance und mangelnder Berücksichtigung Ihres grünen Anteils ärgern Sie sich schnell darüber, dass andere nicht so pflichtbewusst sind wie Sie. Sie können schlecht ertragen, dass sich andere neben Ihnen ausruhen oder einfach das Sein genießen. Sie wirken im Familien- und Freundeskreis oft schlecht gelaunt und überkritisch. Verbinden wir diese Erkenntnis mit dem Wissen aus der Neurophysiologie zu Anfang des Kapitels:

Die innere Spannung zwischen den Persönlichkeitsanteilen geht mit *Sympathikusaktivität* einher (vgl. Kap. 1). Damit ist das System 1, die emotionale Informationsverarbeitung, gekoppelt. Das heißt, in Ihnen ist der Urmensch aktiv, und Sie haben Schwierigkeiten, Ihr aktuelles geistiges Potenzial zu nutzen. Die rationale Informationsverarbeitung ist blockiert oder zumindest nur eingeschränkt verfügbar. Wenn Sie nun bei der Aufgabenbearbeitung merken, dass Ihre Leistungsfähigkeit abnimmt oder dass Ihnen im Meeting keine guten Argumente einfallen, werden Sie wahrscheinlich noch wütender mit sich selbst und geraten in eine negative Spirale.

Der eskalierende Konflikt zwischen den inneren Anteilen führt zur Schwächung des gesamten Systems durch Selbstabwertung. Diese Dynamik kann – in Kombination mit weiteren seelisch-körperlichen Merkmalen – bis zur Stresserkrankung, beispielsweise zum *Burnoutsyndrom,* führen (Thalhammer und Paulitsch 2014).

Betroffene beginnen – um mit der Selbstabwertung leben zu können – mit der Abwertung von Kollegen, Freunden oder Familienmitgliedern. Die Arbeit mit dem inneren Team fördert die Wertschätzung für sich selbst und andere. Wenn Sie sich über die Dynamik in Ihnen bewusst sind und besser damit umgehen können, wird es auch nach außen als Selbstbewusstsein erkennbar. Ihre Wertschätzung für sich selbst stabilisiert sich in gesunder Art und Weise. Ziel ist die ausgeglichene Persönlichkeit, bei der alle Anteile in einem guten inneren Team zusammenarbeiten. Dadurch werden Sie gelassener im Umgang mit Rückschlägen und erhöhen Ihre *Resilienz*. In unsicheren und *volatilen* Zeiten steigern Sie die Sicherheit in sich selbst und damit die Klarheit im Denken und Handeln.

Die positiven Absichten des roten Wesens – z. B. Verantwortung, Disziplin, Leistungsbereitschaft, Zielorientiertheit – sowie die positiven Absichten des grünen Wesens – z. B. Vertrauen, Genuss, Hingabe, Lebensfreude – sind zentrale Werte, und es ist für jeden Menschen wesentlich, dass diese Werte im täglichen Handeln umgesetzt werden. Es gibt viele Situationen, in denen sich diese Werte anscheinend gegenseitig behindern. Das fordert unsere Reflexionsfähigkeit – den blauen Anteil – zu einem lebendigen, kontinuierlichen Balanceprozess heraus.

Schon Aristoteles hat sich in der *Nikomachischen Ethik* mit der Spannung zwischen den Werten der Menschen beschäftigt (Varga von Kibéd 2018). In der Beachtung eines einzelnen Wertes kommt es häufig zu einem Zuwenig oder Zuviel in der Umsetzung oder Verfolgung des Wertes.

Der Wert Innovation wird in vielen Unternehmen als wesentlich betrachtet. Meistens behaupten einige im

Unternehmen, es gäbe zu viel Innovation und bewährte Prozesse würden vernachlässigt. Andere sind überzeugt, dass die Erneuerung viel zu langsam fortschreite. Wo sind die Manager, die den Wert in genau angemessener Dosis leben? In der Unternehmensphilosophie eines Kunden fanden wir sinngemäß folgenden Inhalt: Bewährtes und Innovatives geht bei uns Hand in Hand. Toll, wir waren begeistert, weil die Notwendigkeit einer Balance in dieser Wertespannung deutlich wird. Nur auf Bewährtes zu setzen ist für ein Unternehmen nicht wertvoll; nur auf Innovation zu setzen auch nicht. Das Bewusstsein zu nähren, dass durch die Beachtung beider Pole eine Unter- oder Überbetonung eines einzelnen Wertes abgefangen werden kann, birgt große Chancen in der Organisationsentwicklung und war eine zentrale These von Aristoteles.

Nicolai Hartmann (1882–1950) hat die Thesen von Aristoteles weiterentwickelt. Paul Helwig (1882–1950) hat daraus das Modell des Wertequadrats entwickelt und in die Psychologie eingeführt. Friedemann Schulz von Thun (2017) hat es mit dem Gedanken der Persönlichkeitsentwicklung verbunden und als Werkzeug bekannt gemacht. Das von Matthias Varga von Kibéd entwickelte SySt Wertequadrat (2015) bezieht die ersten Thesen von Aristoteles und Hartmann noch einmal stärker ein und bietet damit ein logisch präzises sowie hilfreiches Instrument, um mit in Werten enthaltenen Spannungen umzugehen (Tab. 5.1).

Ein großer Nutzen des SySt-Wertequadrats liegt darin, dass die innere Balance aus verschiedenen Richtungen erreichbar ist. Ziel ist es, in der oben benannten lohnenden Suchbewegung zu bleiben (Abb. 5.7). Erkenne ich in

Tab. 5.1 Thesen des SySt-Wertequadrats (Varga von Kibéd 2015) und Anwendungsbeispiel auf innere Balance

Thesen des SySt-Wertequadrats	Anwendungsbeispiel: innere Balance
Jeder Wert kann durch ein Zuviel oder Zuwenig zu einem Mangel werden	Ein Zuviel an Verantwortungsgefühl kann zu Zwanghaftigkeit führen
	Ein Zuwenig an Selbstverantwortung kann zu Lasterhaftigkeit führen
Die einzige Form, wie man einen Wert gegen *Degeneration* schützen kann, ist durch Balancierung mit einem Gegenwert. Es gibt zu jedem Wert nicht einen Gegenwert, sondern verschieden starke Spannungen zu verschiedenen Werten	Die Verantwortung wird durch ein gewisses Maß an Gelassenheit davor geschützt, zur Zwanghaftigkeit zu verkommen
	Wird die Verantwortung durch Lebensfreude gelockert, kann ich sie nicht übertreiben
	Behalte ich mit der Verantwortung ein Gefühl von Genuss, so wird mein Leistungsanspruch eine gesunde Grenze finden. Sie schützt mich vor Unbarmherzigkeit mir selbst gegenüber
Derselbe Wert kann durch verschiedene Weisen der Überbetonung zu verschiedenen Mängeln degenerieren	Übertreibe ich meine Verantwortung, indem ich mich zwinge, alle Ansprüche zu erfüllen, so degeneriert mein Wert zum Perfektionismus
	Fordere ich von meinen Mitarbeitern absolute Verantwortungsübernahme, so regiere ich mit unzumutbarer Strenge. Fehler werden in dieser Kultur vertuscht und Qualität sinkt
	Die regelkonforme Verantwortung, die ich von mir selbst und meinen Nächsten ohne Berücksichtigung verschiedener Kontexte fordere, führt zu innovationsverhindernder Starre

(Fortsetzung)

Tab. 5.1 (Fortsetzung)

Thesen des SySt-Wertequadrats	Anwendungsbeispiel: innere Balance
Tugenden sind prinzipiell nur in der Balancierung von Werten zu finden Ein Wert ist keine Tugend	Kontinuierliches Ausbalancieren von Verantwortung und Vertrauen macht einen fördernden Führungsstil aus Je nach Kontext wäge ich ab, wie viel Verantwortung ich behalten sollte und wie stark ich Vertrauen in die Situation und meine Mitarbeiter haben sollte. Mir tut gut, beides im Blick zu halten. Die Tugend wäre, in jeder Situation immer das richtige Maß zu finden. Das ist nicht dauerhaft zu erreichen, sondern eine fortwährende lohnende Suchbewegung

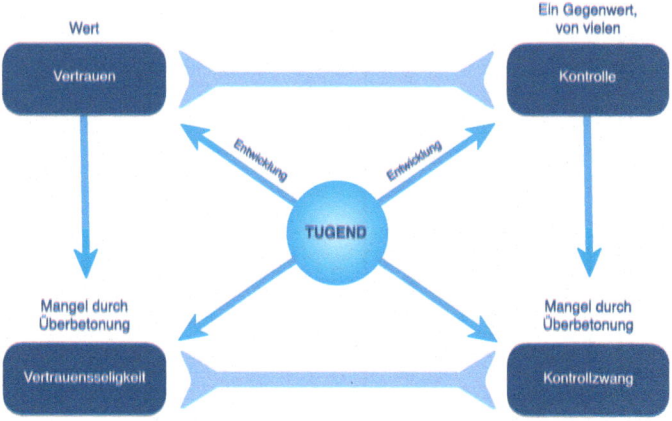

Abb. 5.7 Ein SySt-Wertequadrat: die Balance von Vertrauen und Kontrolle

der Selbstreflexion, dass ich im Umgang mit mir selbst und anderen etwas zu kontrollierend bin, so ist es gut, wenn ich meine Fähigkeit zu vertrauen, entwickele. Die gute Absicht dieser verstärkten Kontrolle mag sein, meinem Anspruch an Qualität zu genügen und mich vor zu viel Vertrauensseligkeit zu schützen.

Fallbeispiel 5.3 (Fortsetzung von Fallbeispiel 5.2)

Eriks Ehefrau Andrea war zunächst wirklich ärgerlich. Sie hatte das Gefühl, sie müsste die Verantwortung übernehmen, damit ihr Mann sich nicht von der Firma auffressen lässt und die Tochter den Papa in der Woche auch mal sieht. Ihr fiel es schwer, das Vertrauen zu haben, dass ihr Mann in der Lage sei, selbstreflektiert zu reagieren und bewusst zwischen den Möglichkeiten abzuwägen. Als Erik Andrea erläuterte, dass er diesmal nicht sofort Ja gesagt hat, sondern sich Zeit für die Entscheidung ausgebeten hat, um zu Hause in Ruhe alle Aspekte zu besprechen, war sie sehr positiv überrascht. Die beiden setzten sich dann an einem Samstagvormittag ausgeschlafen zusammen, unterhielten sich über ihre persönlichen Bedürfnisse und berufliche Ziele. Erik bat Andrea um Rückmeldung, wie ausgeglichen sie ihn wahrnimmt. Er erläuterte ihr die Zwickmühle mit dem roten und grünen Anteil sowie sein Ziel, mit sich selbst reflektierender umzugehen. Sie entlarvten gemeinsam einige antreibende Sätze des roten Wesens als unzutreffend und ersetzten diese Forderungen durch Erlaubnisse. Sie vereinbarten, dieses konstruktive Gespräch regelmäßig zu führen, um sich gegenseitig in ihrer persönlichen Entwicklung hilfreich zu unterstützen. Andrea gewann so auch das Vertrauen wieder, dass ihr Mann durchaus in der Lage ist, selbst angemessen verantwortlich zu handeln.

Wie in unserem Beispiel ist es ratsam, zu versuchen, den Wert Vertrauen stärker in die eigenen Handlungen einfließen zu lassen, um eine gute innere Balance zu erreichen und die Tendenz zur Übertreibung des Wertes Verantwortung in guter Weise zu moderieren.

Fazit

Raus aus der Zwickmühle ist keine rasche Lösung, sondern ein ständiger Prozess. Phylogenetisch sind unsere neurologischen Prozesse in zwei unterschiedlichen Verfahren konzipiert. Schnelle Entscheidungen werden stärker auf der peripheren Route (System 1) verarbeitet. Umgangssprachlich bezeichnen wir dieses Vorgehen in der Regel als Bauchentscheidung, da es weniger durch bewusstes Abwägen geprägt ist. Das bewusste Abwägen entspricht dem rationalen System 2, unterstützt durch das System 1. Für beide Vorgehensweisen brauchen wir ein Mindestmaß an Ruhe und Sicherheit. Unter Stress wird das System 2 blockiert, die Emotionalität steigt und unsere Entscheidungsqualität sinkt maßgeblich. Durch eine Pause und ruhige Atmung können wir das parasympathische System aktivieren und wieder aus dem Zusammenspiel von Bauchgefühl und Ratio entscheiden.

Unsere eigene Biografie „zwickt" uns unbewusst im inneren Dialog mit aktiven Persönlichkeitsanteilen. Über bewusste Entwicklung kommt Balance ins innere Team. Der reflektierende erwachsene „blaue" Persönlichkeitsanteil hat die Möglichkeit, bewusst den Ausgleich zwischen den „roten" Anforderungen und den „grünen" Bedürfnissen herzustellen. Ziel ist die innere Ausgewogenheit, die die Konfliktanfälligkeit reduziert und die persönliche *Resilienz* fördert.

Um Ausgewogenheit zu erreichen, bietet das Wertequadrat ein hilfreiches Tool. Die eigene Tugend – ein zentraler Begriff in der *Nikomachischen Ethik* des Aristoteles, der immer *situativ* und individuell ist und für das Mittlere zwischen den Extremen steht (Aristoteles 1972) – rückt durch die Balancierung eines Wertes mit einem möglichen Gegenwert näher. Die Wertespannung erscheint zunächst auch als Zwickmühle, um uns aber letztlich durch zeitweiliges Zwicken vor dem Abdriften in die Übertreibung eines Wertes und Entstehung eines Mangels zu bewahren.

Durch die in den Tipps beschriebenen Vorgehensweisen zur inneren Balance zwischen Anspannung und Entspannung gewinnen Sie Klarheit und bauen ein solides Fundament für persönliche Sicherheit und Entwicklung.

Literatur

Aristoteles, N. E. (1972). *Die Nikomachische Ethik* (übers. v. Olof Gigon). München: dtv.

Berne, E. (2002). *Spiele der Erwachsenen. Psychologie der menschlichen Beziehungen* (18. Aufl.). Reinbek: Rowohlt.

Gigerenzer, G. & Hölscher, T. (2018). Bauchentscheidungen. *SyStemischer, 12*, 26–35.

Kahnemann, D., Slovic, P. & Tversky, A. (1982). *Judgement under uncertainty. Heuristics and biases.* New York: Cambridge University Press.

Mück-Weymann, M. & Beise, R. (2005). Herzkohärenztraining – eine moderne Form der Stressbewältigung. *Stressmedizin, 2005-I*, 1–5.

Petty, R. E. & Cacioppo, J. T. (1986). Message elaboration versus peripheral cues. In R. E. Petty & J. T. Cacioppo (Hrsg.), *Communication and persuasion* (S. 141–172). New York: Springer.

Schulz von Thun, F. (2017). *Miteinander reden 3. Das "Innere Team" und situationsgerechte Kommunikation. Kommunikation, Person, Situation* (26. Aufl). Reinbek: rororo.

Seidel, N. (1999). *Veränderung der Herzratenvariabilität bei Entspannungsübungen: Eine kontrollierte Studie zur Wirkung der funktionellen Entspannung auf das autonome Nervensystem bei Patienten mit Asthma bronchiale und psychosomatischen Störungen.* Universität Erlangen-Nürnberg: Dissertation.

Thalhammer, M., & Paulitsch, K. (2014). Burnout – eine sinnvolle Diagnose? Kritische Überlegungen zu einem populären Begriff. *Neuropsychiatrie, 28*(3), 151–159.

Varga von Kibéd, M. (2015). Das SySt-Wertequadrat. *SyStemischer, 6*, 12–33.

Varga von Kibéd, M. (2018). Die 13 SySt-Thesen zur Wertearbeit. *SyStemischer, 12*, 12–15.

6

Vision, Integration und Handlung

Your time is limited, so don't waste it living someone else's life. Don't be trapped by dogma – which is living with the results of other people's thinking. Don't let the noise of others opinions drown out your own inner voice. And most important, have the courage to follow your heart and intuition. They somehow already know what you truly want to become. Everything else is secondary.
(Steve Jobs, Rede 114. Abschlussfeier Stanford Universität am 12. Juni 2005)

In diesem Kapitel gilt es nun, die gewonnene persönliche Klarheit im Arbeitsalltag zu leben. Das heißt, der Kontext, die soziale Umgebung mit ihren Regeln, die räumliche Umgebung mit ihren Verhaltensangeboten und die Zeit als *Ressource* werden maßgeblich. Zwischen der

© Springer-Verlag GmbH Deutschland, ein Teil von Springer Nature 2019
K. Mierke und E. van Amern, *Klare Ziele, klare Grenzen*,
https://doi.org/10.1007/978-3-662-56826-2_6

Absicht, etwas zu tun, und der Handlung selbst klafft eine Umsetzungslücke, mit der sich die psychologische Forschung seit Langem beschäftigt. Das heißt, ich kann innerlich sehr klar sein und habe dennoch Schwierigkeiten, meine Absichten in Handlungen zu realisieren. Hier gilt – ähnlich wie in der Ausarbeitung der Ziele in Kap. 4: Je konkreter geplant wird, desto wahrscheinlicher wird die Umsetzung stattfinden (Gollwitzer 1999).

Fragen

Wie kann der Plan Realität werden?
Wie nutzen Sie die gewonnene Zielklarheit im Alltag?
Wie können Sie in einem Konflikt eine gute Balance finden?
Wie bleiben Sie motiviert?

In Abb. 6.1 ist das bisherige Vorgehen dargestellt. Wir haben den idealen zukünftigen Arbeitstag geträumt, das heißt unsere Vision erarbeitet. Darin konnten wir unsere Werte als das erkennen, was unsere Vision für uns so

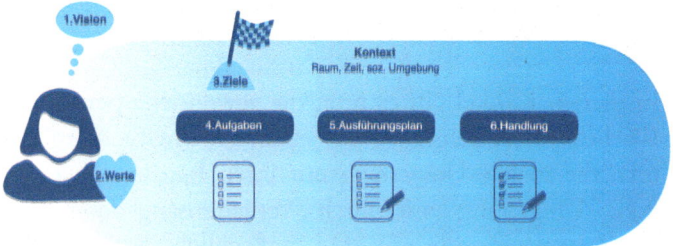

Abb. 6.1 In sechs Schritten motiviert von der Vision zur Handlung

attraktiv gemacht hat. Mit dem Schritt der konkreten Zielbildung haben wir den aktuellen Kontext einbezogen. Wir haben in unserer Vorstellung unser Ziel durchlebt und damit geprüft, ob uns die Zielerreichung tatsächlich gefällt. Auf diese Art sind uns auch die möglichen Kosten der Zielerreichung bewusst geworden, und wir haben entschieden. Jetzt tritt die Planung der Aufgaben, die erforderlich sind, um das Ziel zu erreichen, in den Vordergrund.

Fallbeispiel 6.1

Josie ist Managing Director Sales in einem internationalen Unternehmen und hat sehr viel zu tun. Ihr Verantwortungsbereich umfasst 50 Personen in verschiedenen Ländern auf verschiedenen Kontinenten. Wenn die Amerikaner schlafen, rufen die Chinesen an, und wenn die Japaner ruhen, möchten die Kanadier skypen. Josie liebt die weltweiten Kontakte, die Kommunikation, die Entwicklung der Märkte. Letzte Woche hat sie mit ihren nationalen Führungskräften die Vision „sales international +5" erarbeitet. Die Werte *Agilität,* Qualität, Innovation und Nachhaltigkeit sind für das Team zentral. Zum nächsten Meeting wird jeder Ziele und Aufgaben mitbringen, die zur Umsetzung der Werte im Hinblick auf die gemeinsame Vision im eigenen Land beitragen. Josie hat darum gebeten, die Aufgaben als Ausführungsplan zu beschreiben, wie er in Tab. 6.1 dargestellt ist.

Tab. 6.1 Blankovorlage für einen Ausführungsplan

Start	Aufgaben-beschreibung	Angestrebtes Ergebnis	Owner & Handelnder	Zeitbedarf netto	Fertigstellung

Als Josie abends zu Hause ist, überlegt sie. Seit Langem möchte sie ihren kleinen Garten mehr pflegen. In den letzten Jahren war sie immer weniger dazu gekommen. Die Arbeit hatte sie so gefordert, dass an Blumen pflanzen und Bäume schneiden nicht zu denken war. Dabei träumte sie immer davon, eine Rosenlaube mit einem Brunnen zu haben, um sich beim Plätschern des Wassers auszuruhen. An diesem Abend nutzt sie ihre Businessstrategie zu Hause. Sie träumt sich ihren idealen kleinen Garten. Sie stellt fest, dass Nachhaltigkeit, Vielfalt, Qualität und Innovation auch in ihrem Traumgarten zentrale Werte sind. Mit dieser Erkenntnis teilt sie die nächsten fünf Jahre in grobe Meilensteine ein. Der nächste Meilenstein soll zum Winter erreicht sein. Mit ihrem Mann Robert ordnete sie den Zielen die passenden Aufgaben zur Zielerreichung zu, wie in Tab. 6.2 dargestellt.

Zufrieden blicken Josie und Robert gemeinsam auf ihre Tabelle. Aber ist dieser Plan wirklich realistisch?

Das Beispiel zeigt, wie eine konkrete Ausführungsplanung aussehen kann. Außer der Aufgabenbeschreibung sollte das angestrebte Ergebnis möglichst eindeutig erfasst werden. Ein eindeutiges Ergebnis beschreibt die Antwort auf die Frage: Einmal angenommen die Aufgabe wäre zu unserer vollsten Zufriedenheit erfüllt, woran würden wir das merken? Gerne kann die beschriebene *Antizipation* des Ziels zur Klärung eines eindeutigen Ergebnisses herangezogen werden (Kap. 4).

Die für die Aufgabe verantwortlichen Personen sollten mit in die Planung einbezogen werden, um den tatsächlichen Zeitaufwand realistisch einzuschätzen. „Zeit netto" meint dabei die Zeit, die benötigt würde, wenn die Aufgabe ohne Unterbrechung zum Ergebnis geführt

Tab. 6.2 Ausführungsplan am Beispiel Gartengestaltung

Start	Aufgabenbe-schreibung	Angestrebtes Ergebnis	Res-source	Owner und Han-deln-der	Zeit netto	Fertig-stellung
01.03	Bambus vollständig entfernen	Boden am Zaun ist frei und vorbereitet	Mini-bagger	Robert und Josie	8 h	10.03
20.03	Bereich links vom Gartenweg umgraben	Boden ist vorbereitet für Bepflan-zung	–	Josie	4 h	25.03

werden könnte. Hier wirkt auch der Effekt, dass die eigene Entscheidung verbindlicher ist, wenn ich sie anderen mitgeteilt habe (Kap. 1). In der Realität ist mit Überraschungen zu rechnen, das heißt Unterbrechungen kommen vor. Daher ist es sinnvoll, zwischen Start und Fertigstellung der Aufgabe genügend Flexibilität mit einzuplanen. Die Ausführungsplanung muss den Kontext berücksichtigen, in dem wir leben.

Die Tabelle aus unserem Beispiel wird durch die Ergänzung der Spalte „*Ressource*" präzisiert. Mit mehr Arbeitskräften oder mit maschineller Unterstützung mag der Zeitbedarf reduzierbar sein. In den *volatilen* Zeiten ist ein Überblick über optionale *Ressourcen* sinnvoll, um sich immer wieder an wechselnde Gegebenheiten anzupassen. Ein Zeitmanagement in einer *VUKA*-Welt erfordert einen Überblick über Termine und Aufgaben im Planungszeitraum, mit realistischer Einschätzung der

Bearbeitungsdauer und einem hinreichenden Bewegungs-
raum, um den dynamischen Aspekten unseres Alltags zu
genügen.

Seiwert (2005) bietet dazu die ALPEN-Methode an.
Dieses *Akronym* steht für:

- Aufgaben und Tätigkeiten zusammenstellen;
- Länge, d. h. Dauer der Bearbeitung, schätzen;
- Pufferzeiten für unvorhergesehene Ereignisse reservie-
  ren – als persönliche Ergänzung empfehlen die Autorin-
  nen weitere Puffer (*Ressourcen,* z. B. Budget, Personen,
  Maschinen, Material) in die Planung einzubeziehen,
  um auf Änderungen schnell reagieren zu können;
- Entscheidungen über Prioritäten, Kürzungen oder
  Delegationsmöglichkeiten treffen;
- Nachkontrolle: Unerledigtes wird übertragen auf den
  nächsten Tag.

Grundsätzlich ist dieses Vorgehen erfolgversprechend.
Die Zusammenstellung der Aufgaben kann in groben
Clustern, wie im Fallbeispiel, durchgeführt werden. Bei
der Schätzung der Bearbeitungsdauer braucht es einen
Annäherungsprozess. Eine erste Schätzung sollte an der
Realität geprüft werden. Abweichungen werden ein-
getragen und in der nächsten Schätzung berücksichtigt.
Umso realistischer die Schätzungen sind, umso klarer
wird die Planung. Die Puffer (z. B. Zeit, Budget, Perso-
nal) garantieren, dass in komplexen, sich immer wieder
ändernden Abläufen die terminierten Aufgaben tatsächlich durchgeführt werden können. Dazu beschreibt das
Modell, dass ca. 60 % der Zeit für geplante Aktivitäten

fest terminiert werden können, wenn ca. 40 % der Zeit für unerwartete Aufgaben reserviert werden, inklusive sich ändernder Absprachen und das Finden kreativer Lösungsansätze.

Führungskräfte erläutern uns häufig, dass ihre Arbeitssituation eine Planung mit Puffer nicht zulässt. Das ist mit Blick auf derzeitige Systeme absurd. Aus praktischer Erfahrung können wir sagen, dass bei fehlendem Puffer andere Aufgaben, Kollegen oder die Freizeit als Puffer fungieren und den sich ändernden Prioritäten zum Opfer fallen. Leider entsteht beim Einzelnen daraus ein konstant negatives Selbstbild „Nie schaffe ich das, was ich mir vorgenommen habe." Die 60/40-Aufteilung sollte in der Unsicherheit unserer Arbeitswelt eher in Richtung 40/60 verschoben werden.

Stress reduziert die Fähigkeiten, innovative Lösungen zu erzeugen (s. hierzu vertiefend auch Kap. 12). Unter Zeitdruck handeln wir nach „bewährten" Mustern (s. Kap. 5). In der Volatilität unserer Arbeitswelt sind diese Muster schnell unpassend, weil sich der Kontext geändert hat. Zeitmanagement hat also das wesentliche Ziel, Zeitdruck zu reduzieren, da dieser *Stressor* das Fehlerrisiko erhöht. Zunehmende Fehler führen in der Nacharbeit zu Zeitverlusten, die wiederum die Belastung des Einzelnen weiter steigen lassen und das Ergebnis verringern.

Die 60 % flexible Zeit werden nach aktuellen Prioritäten eingesetzt, um die Aufgabenliste abzuarbeiten. Diese Prioritäten zu setzen, ist eine zentrale Herausforderung. „Bei uns ist alles Priorität 1!" ist ein Standardstatement. Zunehmende Volatilität und Unsicherheit in unserer Arbeitswelt steigern die Herausforderung für den Einzelnen, Teams und Organisationen. Den Prioritäten auf der Aufgabenebene geben klare Prioritäten auf der Werteebene Halt: Wenn ich weiß, dass mir meine Gesundheit im Zweifel wichtiger ist als mein Qualitätsanspruch an meine Arbeit, bin ich vielleicht eher in der Lage, eine Aufgabe etwas reduzierter auszuarbeiten, um noch Zeit für einen Spaziergang am Feierabend zu haben.

> **Tipp**
>
> Methode aus der Praxis, um Werte und ihre Spannungen zu priorisieren:
>
> Die Werte werden dazu in einen möglichst offenen, neutralen Handlungskontext gebracht und miteinander kontrastiert. „Was ist Ihnen im Zweifel wichtiger?" Diese Frage ist zentral, um Ihre Werte zu priorisieren. Dabei nutzen Sie bitte Vernunft und Intuition, „Kopf und Bauch".
>
> Nehmen Sie die aus ihrer Vision abgeleiteten Werte. Zum Beispiel: Gesundheit, Qualität, Individualität, Entwicklung.
>
> Einer der Werte wird fokussiert und in direkten Kontrast zu einem zweiten Wert gebracht:
>
> „Sie tun täglich etwas für Ihre Gesundheit und verzichten – um dieses Vorgehen zu erhalten – darauf, den Wunsch nach Qualität Ihrer Handlungen zu erfüllen. Sie handeln eher oberflächlich."
>
> Oder:
>
> „Sie erfüllen in ihrem täglichen Leben den Qualitätsanspruch Ihrer Handlungen und verzichten dafür auf Tätigkeiten, die Ihre Gesundheit stabilisieren oder fördern."
>
> Was ist Ihnen im Zweifel wichtiger?
>
> Die systemisch gerne genutzte Möglichkeit „beides" ist in dieser Übung untersagt, um die persönliche Priorität erspüren zu können. Bitte entscheiden Sie aus Ihrem persönlichen Empfinden, ohne die soziale Erwünschtheit einer Alternative zu berücksichtigen.

Entsprechend der Antwort sortieren Sie die Werte

* Gesundheit,
* Qualität,
* ...

Dann fokussieren Sie den nächsten Wert: Individualität.
   „Sie handeln individuell und verzichten darauf, täglich etwas für Ihre Gesundheit zu tun."

Oder:
„Sie tun täglich etwas für Ihre Gesundheit und verzichten darauf, Ihren Alltag individuell zu gestalten."
Einmal angenommen, Gesundheit bleibt prioritär. Dann lautet der nächste Kontrast:
   „Sie handeln individuell und verzichten darauf, den Qualitätsanspruch Ihrer Handlungen zu erfüllen."

Oder:
„Sie erfüllen in Ihrem täglichen Tun Ihren Anspruch an Qualität und verzichten darauf, Ihre Individualität in Ihrem Handeln auszudrücken."
   Welcher Aussage könnten Sie leichter zustimmen? Nehmen wir an, Sie empfinden eher die erste Aussage als passend, so entsteht ...

* Gesundheit,
* Individualität,
* Qualität,
* ...

Dieses Vorgehen wiederholen Sie mit allen Werten, bis Ihre 5 bis 7 wichtigsten Werte nach Priorität sortiert sind. Sollten Sie in einen inneren Dialog kommen, der die Werte in gegenseitige Abhängigkeit bringt (z. B. „Wenn ich hoch qualitativ arbeite, habe ich genug Geld, um etwas für meine Gesundheit zu tun"), so stoppen Sie bitte diese Gedanken. Mögliche Wechselwirkungen zwischen den

Werten führen während der *Priorisierung* zu Verwirrung (vgl. Kastner 1994). Nachdem die Rangfolge klar ist, kann man die Werte in ihrer Wechselwirkung betrachten. Interessant sind die negativen Zusammenhänge. „Je mehr x desto weniger y." Diese negativen Zusammenhänge müssten in den Gegenwerten auftauchen. Aus dem Wertediskurs im letzten Kapitel wissen wir, wie wichtig die Balancierung ist. Daher ergänzen Sie die Werte mit den für Sie entsprechenden Gegenwerten, um die Spannungen bzw. die Lebendigkeit der Werte zu beachten und der Gefahr der *Degeneration* eines Wertes vorzubeugen (Tab. 6.3).

Für den Handelnden wird aus dieser Liste deutlich:

- Mir ist Gesundheit sehr wichtig, und ich werde in meinem Handeln immer meine Leistungsbereitschaft im Auge behalten, damit ich es mit der Gesundheit nicht übertreibe.
- Mir ist meine Individualität sehr wichtig, und ich werde in meinem Handeln besonders darauf achten, damit nicht die Zugehörigkeit zu meiner Familie oder meinem Team zu sehr zu belasten.
- Mir ist Qualität wichtig, und ich werde in meinem Handeln besonders darauf achten, nicht durch Perfektionismus meine *Agilität* zu sehr einzuschränken.
- Mir ist Entwicklung sehr wichtig, und ich werde in meinem Handeln darauf achten, mich auch an Stabilität und Bewährtem zu erfreuen.

Tab. 6.3   Wertespannungen

Wert	Ein möglicher Gegenwert
Gesundheit	Leistungsbereitschaft
Individualität	Zugehörigkeit
Qualität	*Agilität*
Entwicklung	Stabilität
…	…

Dieses Vorgehen kann eine Einzelperson und ein Team nutzen. Es dient dazu, bei der Entscheidung, welche Tätigkeit oder Aufgabe prioritär zu behandeln ist, eine persönliche oder gemeinsame Stimmigkeit zu erzeugen.

Die Wertepriorisierung hilft in ambivalenten oder *multivalenten* Situationen, Klarheit zu gewinnen und zu Entscheidungen zu treffen. Die Situation, in der scheinbar alle oder viele Aufgaben Priorität 1 haben, ist eine solche Situation. Bevor man sich mit der Bitte um Orientierung an andere wendet, kann auf diese Art eine persönliche Orientierung gewonnen werden, die im Arbeitsprozess miteinander *validiert* werden sollte. Außerdem wird es einfacher, eigene Emotionen zu verstehen. Ärger entsteht, wenn ein persönlicher zentraler Wert gefährdet ist. Für eine Person, die die Entwicklung vorantreiben möchte, wird eine Unternehmensregel, die Stabilität betont, anstrengend sein. Durch das Bewusstsein eigener Werte und möglicher Gegenwerte kann in der Selbstreflexion die Spannung und die Notwendigkeit der Ausgewogenheit erkannt werden. Statt Ärger kann Verständnis entstehen.

Fallbeispiel 6.2

Elena ist in Josies Team verantwortlich für Südosteuropa. Sie hat Josie ihren Ausführungsplan vorgelegt. In der Besprechung kann Elena Josie durch den Plan begründet deutlich machen, dass die benötigten zeitlichen *Ressourcen* im Sales-Team Südosteuropa nur zu 60 % verfügbar sind. Gemeinsam hatten sie bei der Ausarbeitung ihrer Werte schon die Spannungen berücksichtigt und eine *Priorisierung* erarbeitet (Tab. 6.4).

Tab. 6.4 Werte und Gegenwert

Wert	Gegenwert
Agilität	Qualität
Innovation	Nachhaltigkeit
…	…

Die Marktsituation im Südosten Europas trägt alle *VUKA*-Merkmale: Vereinbarungen in der Branche sind maximal *volatil,* d. h. Präferenzen der Kunden und Preisstrukturen sind schwer vorhersagbar, weil sie in großem Maße schwanken. Von jedem Sales-Profi wird verlangt, unter Unsicherheit zu entscheiden, weil keine linearen Bedingungsgefüge im Markt vorliegen, sondern ein hoher Grad an Komplexität durch intransparente politische Vorgehensweisen, extrem unterschiedliche *Stakeholder* und eine maximal emotionale Dynamik gegeben ist. Spannungsfelder durch Widersprüchlichkeiten und fehlende Informationen begegnen jedem im Team täglich.

Das heißt, Elena und ihre Sales-Mitarbeiter brauchen eine Basis, um jeweils aktuell über Prioritäten entscheiden zu können. Die gemeinsame Vision und die Werte geben ihnen die Orientierung, um ihr Verhalten auszurichten.

Agilität hat für das Team zurzeit Priorität 1. Die Mitarbeiter müssen die Bewegungen der Kundenbedarfe antizipieren und dazu alle Kompetenzen im Team nutzen. Elena schlägt Josie vor, die Standardqualität der zu leistenden Aufgaben zu beachten und auf das minimal Notwendige zu reduzieren, um agil, das heißt *proaktiv,* antizipativ und initiativ, mit den Anforderungen der Kunden umzugehen. Gemeinsam konkretisieren sie, was minimale Standardqualität heißt. Die Kenntnis der Wertespannung hilft, dass die Qualität nicht unter das Erträgliche abrutscht.

Die „Aufgabe Innovation" voranzutreiben, sollte direkt mit Priorität 2 angestrebt werden. Gleichzeitig soll Nachhaltigkeit mit bedacht werden. Die Folgen einer Innovation sollen auf ihre soziale, ökonomische und ökologische Wirkung geprüft werden. Diese Prüfung benötigt viel Zeit und Engagement. Elena hat Josie daher vorgeschlagen, die Nachhaltigkeit zunächst auf augenfällige ökologische Auswirkungen zu beschränken, um die Innovation nicht zu bremsen. Josie ist begeistert. Sie betont, dass in Umsetzungsstufe II die Wertespannung mit umgekehrten Vorzeichen gelebt werden kann: Wenn die Neuerungen stehen, kann weniger innovativ, dafür mehr auf Nachhaltigkeit fokussiert werden.

Im Beispiel wird deutlich, wie der Möglichkeitsraum für sinnhaftes Handeln entsteht. Innerhalb dessen ist der Boden für Teilziele vorbereitet. Kurz, knackig, griffig sollen sie sein. SMARTe Ziele zu formulieren, hat sich in der Praxis bewährt. Das *Akronym* wurde von Doran (1981) im Projektmanagement mit der Erläuterung – Specific, Measurable, Accepted, Reasonable, Time bound – entwickelt:

- S – „specific", das heißt, das Ziel ist eindeutig und „drehbuchreif" formuliert.
- M – „measurable", es ist überprüfbar durch quantitative und qualitative Erfolgskriterien.
- A – „accepted", das Ziel ist akzeptiert und motivierend, weil es zu den eigenen Werten passt.
- R – „reasonable", es ist realistisch mit den eigenen Ressourcen erreichbar.
- T– „time bound", das Ziel ist zeitlich eingegrenzt bzw. terminiert.

Diese Art der Definition lässt es zu, dass die Werte den Prozess antreiben und durch sie für die handelnde Person die Vision jederzeit mit dem Ziel und der

Ausführungsplanung sinnhaft verbunden ist. So ist Motivation garantiert, Rückschläge werden besser verkraftet und notwendige Anpassungen können gemacht werden. Man könnte sagen, es ist wie bei der Navigation im Segelsport: Meine Handlung jetzt ist klar und eindeutig, weil ich weiß: Ich möchte mein Teilziel, den Hafen von X, heute Abend erreichen. Morgen schaue ich, was möglich ist. Ich fühle mich sicher, weil ich eine Vorstellung darüber habe, was einen schönen Segeltörn ausmacht. So kann das nächste Teilziel abhängig von allen sich ständig ändernden Faktoren, wie Wind und Wellengang, geplant werden.

Fazit

Klare persönliche Ziele ermöglichen Orientierung. Doch wie passen die klaren Ziele in einen unklaren Kontext? Zielsetzungen brauchen Flexibilität, um sich den verändernden Systemen anzupassen. Zeitpläne in der *Arbeitswelt 4.0* müssen mit Überraschungen umgehen können. Die Verbindung von Vision, Werten, Zielen und Aufgaben ermöglicht eine kontinuierliche Steuerung, eine fortwährende Anpassung und Ausbalancierung, um Entscheidungen so zu treffen, dass die Folgen der Handlungen für den Handelnden wünschenswert sind. Es geht weniger darum, eine lineare Zielerreichung zu planen, als im aktuellen Kontext einen motivierenden persönlichen Möglichkeitsraum entstehen zu lassen.

Häufig versuchen wir, vor einer Handlung durch eine Folgenabschätzung über Prioritäten zu entscheiden. In *VUKA*-Zeiten sind viele Folgen nicht oder ungenügend abschätzbar. Sicherheit entsteht dadurch, dass in einem konstanten Wahrnehmungs- und Steuerungsprozess ein persönliches Wertesystem Orientierung gibt. Durch die bewusste Balancierung mit Gegenwerten ist der Einzelne in der Lage, Spannungen vorausschauend zu erkennen und auszuloten. Kurzfristige Ziele werden kontextbezogen

SMART geplant und in Handlung umgesetzt. Natürlich werden – bei aller Klarheit – in bewegten Zeiten die drei großen „Geister" Hilflosigkeit, Verwirrung und Nichtwissen auftreten. Durch die Vision und das Wertefundament können sie als freundliche Hilfe zur Erkundung neuer Wege begrüßt werden (Ferrari 2014). Diese Erkundung wird wesentlich erleichtert, wenn die beteiligten Akteure klar miteinander darüber kommunizieren. Dies ist das Thema des nächsten Teils.

Literatur

Doran, G. T. (1981). There's a SMART way to write management's goals and objectives. *Management Review, 70*(11), 35–36.

Ferrari, E. (2014). *Führung im Raum der Werte: Das GPA Schema nach SySt.* Aachen: Ferrari Media.

Gollwitzer, P. M. (1999). Implementation intentions: Strong effects of simple plans. *American Psychologist, 54*(7), 493–503.

Kastner, M. (1994). *Streßbewältigung: Leistung und Beanspruchung optimieren* (1. Aufl.). Wiesbaden: Gabler.

Seiwert, L. (2005). *30 Minuten für optimales Zeitmanagement* (6. Aufl.). Offenbach: GABAL.

Teil III

Kommunikation klarer Grenzen – ganz im Vertrauen

7

Hier bin ich Mensch mit Ja und Nein

Work is an opportunity for discovering and shaping.
It's the place where the self meets the world.
(David Whyte 2001)

Klarheit heißt, etwas ist sichtbar. Klare Grenzen zei-
gen den Umriss von etwas. Meine klaren Grenzen zeigen
mich. Im Miteinander markieren sie meinen persönlichen
Möglichkeitsraum in diesem Kontext. Sie zeigen mich als
Mensch und sie ermöglichen Begegnung. Das braucht
Mut. Denn da, wo Begegnung entsteht, kann ich anecken.
In dem Kontext, in dem ich sichtbar werde, kann mich
jemand bewerten.

© Springer-Verlag GmbH Deutschland, ein Teil von Springer
Nature 2019
K. Mierke und E. van Amern, *Klare Ziele, klare Grenzen,*
https://doi.org/10.1007/978-3-662-56826-2_7

Fragen

Wie reduzieren Sie Unsicherheit im Dialog?
Wie können Sie teamorientiert Nein sagen?
Was entsteht durch klare Grenzen und Möglichkeiten im Miteinander?

Klare Grenzen sind Ausdruck einer Person in einem Sach- und Situationszusammenhang. Eine Aufgabe, die für eine Person eine Grenze darstellt, nicht machbar ist, kann für eine andere Person leicht machbar sein. Das, was für eine Person heute eine machbare Aufgabe ist, kann morgen eine Überforderung sein. Nur das Gespräch hilft uns, unser Gegenüber zu verstehen, mit seinen Möglichkeiten und Grenzen in dieser Situation, in diesem Kontext. Martin Buber (2008) beschreibt in seinem 1923 erschienenen Werk *Ich und Du,* dass wir das Gespräch, die zwischenmenschliche Begegnung brauchen, um uns selbst zu verstehen. Buber unterscheidet zwischen einer Ich-Es-Beziehung und einer Ich-Du-Beziehung. In der Ich-Es-Beziehung begegnet eine Person „ich" z. B. einem Mitarbeiter „es" oder einem Kunden „es" oder einem Dienstleister „es". Die Ich-Du Beziehung ist durch ein In-Kontakt-Treten gekennzeichnet, bei dem ich mit interessierter, offener Haltung dem Menschen begegne, ohne ihn zu einem austauschbaren Exemplar einer Menge zu reduzieren, wie es im Rahmen sozialer Kategorisierungsprozesse geschieht (Tajfel 1982; vgl. auch individuumszentrierte vs. kategoriebasierte Kognitionen, Emotionen und Verhaltensweisen im Kontinuumsmodell von Fiske und Neuberg 1990). In der Ich-Es-Beziehung überwiegt ein „übereinander Verfügen".

Reinhard Sprenger (2018) bezeichnet in seinem Buch Radikal digital die Verbindung als die wesentliche Bewegung der *Digitalisierung* und die *Digitalisierung* selbst als sozialen Kulturwandel, als Wiedereinführung des Menschen ins Unternehmen, bei der Kunde, Kooperation und Kreativität im Zentrum stehen. Das heißt, dem Verbinden von Massendaten folgt die Verbindung der Menschen. Zusammenarbeit, gemeinsamer Erfolg braucht somit die vertrauensvolle Begegnung zwischen Individuen im Sinne der Ich-Du-Beziehung, also den vertrauensvollen Kontakt, der mir erlaubt, dass ich sichtbar werden kann und mit dieser Sichtbarkeit erwünscht bin, als Kunde, Mitarbeiter oder Führungskraft, so wie *ich* bin, mit meinen Fähigkeiten und Unfähigkeiten, mit Ecken und Kanten. Wie wollen wir zusammenarbeiten, wenn wir uns voreinander verbergen? Wenn Menschen meinen, sie dürfen in ihrer Rolle ihre Menschlichkeit, das heißt ihre Grenzen und Möglichkeiten nicht zeigen? Missverständnisse, Zeitverluste, Frustration, Fehler, Unter- oder Überforderung im Arbeitsprozess sind die Folge. Das funktionierte schon in der analogen Arbeitswelt schlecht. In der digitalen Arbeitswelt mit den schnellen Veränderungszyklen und der notwendigen Transparenz der Prozesse ist der Mensch als besserer Automat obsolet. Die immer weiter fortschreitende *Digitalisierung* und Automatisierung erfordern den Menschen mit seiner differenzierten Wahrnehmungsfähigkeit, seiner *Ambiguitätstoleranz* (Kap. 12) und seinen spezifischen – dem Computer überlegenen – Kompetenzen. Dazu gehört die exponentielle Leistungserhöhung durch Zusammenarbeit in einer Ich-Du-Beziehungsqualität und durch – dem konkreten Einzelfall gerecht werdende – individuumszentrierte anstelle von stark vereinfachenden, kategoriebasierten Urteilen und Verhaltensweisen (Fiske und Neuberg 1990). Voraussetzung für individuumszentrierte soziale Informationsverarbeitung ist laut dem Modell von Fiske und Neuberg unter anderem eine hohe subjektive Relevanz des Gegenübers und daraus resultierende Motivation zur differenzierten Eindrucks- und Urteilsbildung. Das heißt, es kommt maßgeblich auf die Haltung von Interesse, Akzeptanz und Respekt an, mit der Sie Ihrem Gesprächspartner begegnen.

Fallbeispiel 7.1

Frank hat vor Kurzem eine geschäftsführende Position übernommen. Er hat diese Position in dem Betrieb, in dem er früher als Außendienstmitarbeiter gearbeitet hat. Nach seiner Zeit als Angestellter im Vertrieb hatte er sich auf eine Betriebsleiterstelle an einem anderen Standort innerhalb des Unternehmens beworben. Es war nicht einfach, aber er hatte sich dort erfolgreich eingearbeitet, war von den Mitarbeitern respektiert worden, und die Zahlen hatten sich gut entwickelt. Nun – einige Jahre später – kam das Angebot, als Geschäftsführer an seinen alten Standort zurückzukehren, eine respektable Position mit vielen Herausforderungen. Der Betrieb hat Neuerungen im Markt verpasst, die Geschäfte laufen nicht gut, einige Mitarbeiter kündigen, manche Maschinen werden verkauft. Sein Vorgänger hat rund um die Uhr gearbeitet und sich um alle Belange, auch private, selbst gekümmert. Frank engagiert sich ebenfalls bis an die Belastungsgrenze, trotzdem kündigen wieder einige Mitarbeiter. Die offene Bürotür war ihm immer wichtig, jetzt muss er sie oft schließen, weil es einfach zu viele Aufgaben sind. Im Coaching zeigt er sich niedergeschlagen, ratlos. Er ist unsicher. Manche Kollegen haben schon früher mit ihm gearbeitet, mit ihnen ist er per Du. Wie viel Nähe darf er zeigen? Wie viel Distanz muss ein

> Geschäftsführer im Kontakt zu den Mitarbeitern halten?
> Frank versucht, sicher und überzeugend zu wirken. Doch es
> scheint nicht zu greifen.

Das Fallbeispiel beschreibt eine typische Szene in der
Arbeitswelt 4.0. Was würden Sie tun? Jedes Patent-
rezept muss scheitern. Sicher ist: Es ist Angst im System,
sowohl bei den Mitarbeitern als auch bei dem Geschäftsführer. Wer spricht schon gerne von der eigenen Angst,
von Befürchtungen oder Stress? Auf alle Beteiligten wirkt
die Situation unsicher und komplex. Alle arbeiten viel,
sind belastet und haben unterschiedlich erfolgreiche
Bewältigungsstrategien. In Kap. 1 wurde erläutert, wie
sich Stress beim Menschen auswirkt. Bei hoher Aktivierung fällt es besonders schwer, Schwächen zu zeigen, da
persönliche Schutzmechanismen im Verhaltensrepertoire
aktiviert sind. Aus der langjährigen praktischen Arbeit wissen wir, dass europäische Führungskräfte es scheuen, ihre
eigenen Grenzen zu zeigen.

> **Fallbeispiel 7.2 (Fortsetzung von Fallbeispiel 7.1)**
> Frank glaubt, alle erwarten von ihm Lösungen, Perspekti-
> ven, Verbesserungen. Im Coaching hat er an der Vision für
> den Standort gearbeitet, Werte sind extrahiert worden.
> Da er früher schon am Standort gearbeitet hat, fragt er
> die alten Kollegen danach, was ihnen wichtig ist. Er setzt
> diese früheren zu den neuen Werten in Beziehung, stellt
> Spannungen und Gemeinsamkeiten fest und wählt Gegen-
> werte aus. In einem Workshop werden die Mitarbeiter an
> der Vision beteiligt. Frank zeigt ihnen, dass er die „alten"
> Werte berücksichtigt, z. B. Nähe und Verbindlichkeit. Er
> macht deutlich, woran die Mitarbeiter bei ihm Nähe und

Verbindlichkeit erkennen können. Es ist nicht die offene Bürotür, sondern unter anderem seine zuverlässige Rückmeldung innerhalb von 24 Stunden. Er benennt klar seine Kompetenzen, die er für den Standort einbringen wird.

Dann spricht er an, was er nicht kann. Welche Fragen er nicht beantworten wird. Wo er auf die Kompetenzen der Teams angewiesen ist. Er sagt, dass er Familie hat und nicht 16 Stunden, sondern maximal 12 Stunden am Tag arbeiten kann, dass er am Wochenende nur in Notfällen erreichbar ist, die Zeit generell zur Erholung braucht. Er fordert die Führungskräfte und die Mitarbeiter auf, eigene *Ambivalenzen,* Möglichkeiten, Kompetenzen und Grenzen offen anzusprechen, und zeigt dazu im Workshop methodische Möglichkeiten. Zum Schluss gibt es viele zuversichtliche Gesichter und noch ein paar kritische. Frank fordert die kritischen Mitarbeiter auf, kritisch zu bleiben und ihm ihre Wahrnehmungen regelmäßig mitzuteilen – im Sinne eines Frühwarnsystems.

Dadurch, dass Frank sich ehrlich mit seinen Stärken und Schwächen darstellt sowie echtes Interesse an seinen Mitarbeitern und ihren Kompetenzen zeigt und auf Kritische und Zuversichtliche gleichermaßen zugeht, bereitet er den Boden für Offenheit und Vertrauen. Durch die Arbeit mit Vision und Werten (s. Kap. 5) schafft er Orientierung für sich und für die Mitarbeiter und entzieht Konflikten die Substanz (Ferrari 2015). Widerstand oder Kritik ist in Veränderungsprozessen üblich, meistens wird dadurch eine positive Absicht oder ein Bedürfnis ausgedrückt. In unserem Beispiel agiert die Führungskraft klug, indem sie diesen konstruktiven Aspekt aufgreift.

Durch ihr Verhalten stellt sich die Führungskraft den Unsicherheiten der Mitarbeiter. Sie wirkt dadurch als Vorbild. Beispielhaft für die Unsicherheit in solchen

Situationen hier ein paar Fragen, die sich Menschen in einer ungewohnten sozialen Umgebung stellen (Richter 1974, zit. nach Schlee 2012):

- Wie wichtig darf ich mich machen, damit man mich wahrnimmt?
- Wie unwichtig muss ich mich machen, um nicht als anspruchsvoll zu gelten?
- Wie dicht darf ich an die anderen herangehen, um meine Kontaktwünsche zu befriedigen?
- Wie fern muss ich mich halten, um nicht bedrängend zu wirken?
- Wie offen darf ich widersprechen, um mich zu behaupten?
- Wie viel muss ich widerspruchslos hinnehmen, um nicht aggressiv zu wirken?
- Wie viel darf ich von meinen Problemen zeigen, um Tipps zu bekommen?
- Wie viel muss ich von meinen Problemen verschweigen, um kompetent zu wirken?
- Wie viel darf ich von meinen persönlichen Schwächen zeigen, um Vertrauen zu generieren?
- Wie viel muss ich von meinen persönlichen Schwächen verdecken, um meinen Status in der Gruppe zu erhalten?
- Wie unwissend darf ich sein, um dringend erwünschte Informationen zu bekommen?
- Wie klug muss ich sein, um nicht den Anschluss an das intellektuelle Niveau der Gruppe zu verlieren?
- Wie locker und spontan darf ich sein, um meine Lebendigkeit zu fühlen?
- Wie kontrolliert muss ich sein, um nicht zu impulsiv zu wirken?

- Wie viel darf ich von meinen inneren Einstellungen verraten, damit die anderen mich richtig kennenlernen?
- Wie viel muss ich von meinen inneren Einstellungen zurückhalten, um nicht provozierend auf andere mit abweichenden Meinungen zu wirken?

Die Arbeitsumgebung ist ein wesentlicher Platz der persönlichen Entwicklung. Wir sind ständig herausgefordert, Spannungen auszugleichen und unsere Individualität genauso wie unsere Zugehörigkeit zu einem größeren Ganzen in Einklang zu bringen.

Scheinbar einfach war die Arbeitswelt früher. Es wurde in der Linie gearbeitet. Projektarbeit oder Matrixorganisation waren selten. Der Vorgesetzte war eine Person, die Vorgaben macht und der man Respekt zollt. In vielen Unternehmen und Prozessen war es unerwünscht, dass Mitarbeiter mitdenken und mitentscheiden: „Machen Sie bitte, was ich Ihnen sage." Inzwischen haben wir erkannt, dass Prozesse, in denen dieses Vorgehen erfolgreich war und ist, automatisiert, also von Maschinen übernommen werden können. Die übrigen Abläufe sind nicht erfolgreich, da dort Kompetenz in varianten Situationen erforderlich ist. Das fordert das Potenzial der Mitarbeitenden, was durch sturen Gehorsam verloren geht. Daher heißt es nun flache Hierarchien, hohe Geschwindigkeit, selbstverantwortliches Handeln, kompetente Interaktion: „Bitte denken Sie mit, schaffen Sie *Synergien,* seien Sie innovativ."

Diese Veränderungen können dazu führen, dass eine gleichgestellte Kollegin im nächsten Projekt die weisungsbefugte Fachkraft sein kann. Die Volatilität und Unsicherheit der aktuellen Arbeitswelt erhöht den

Entwicklungsdruck auf den Einzelnen genauso wie auf das gesamte System. Viele Unternehmen fördern gezielt die Selbstorganisation, *Agilität* und Entscheidungsfähigkeit der Angestellten. Denn bevor sich Kollegen besser kennengelernt und vertieftes Vertrauen aufgebaut haben, hat sich das Team schon wieder geändert. Jeder muss persönlich entscheiden und diese Entscheidung in der Kooperation mit Kollegen kommunizieren können, ob er eine Aufgabe übernehmen kann oder nicht.

> **Wichtig**
>
> Unsicherheit begegne ich im Dialog mutig mit Transparenz. Durch eine offene Haltung und die Bereitschaft, selbst Schwächen und Stärken, Möglichkeiten und Grenzen mitzuteilen, lade ich mein Gegenüber ein, es auch zu tun. Es ist nicht sinnvoll, sich über andere Menschen Theorien zu bilden. Dieses „Kopfkino", auch *Erwartungserwartungen* genannt (Kap. 10), verhindert Erfolg in der *Arbeitswelt 4.0* und gute Beziehungen. Eine Haltung echten Interesses ermöglicht ehrliche offene Fragen und damit lebendigen Kontakt. Mein Gesprächspartner fühlt sich wahrgenommen, sicher, und ich erfahre wirklich etwas über die Kompetenzen, Werte, Haltungen der Person. Missverständnisse reduzieren sich. Kooperation und Planung werden transparenter und erfolgreicher.

Ruth Cohn (1975) hat mit der Themenzentrierten Interaktion (TZI) ein Konzept entwickelt, das die oben genannten Punkte aufgreift und dazu dient, Menschen in der Interaktion sowie das dazugehörende System „gesund" zu erhalten. Sie bezieht sich mit dem ersten Postulat „Sei deine eigene *Chairperson*" explizit darauf, sich selbst, andere und die Umwelt in Möglichkeiten und Grenzen wahrzunehmen. Dieses Modell wird seit vielen Jahren genutzt, um in Gruppen mit dem Ziel sozialen Lernens in persönlicher Sicherheit mit Blick auf Entwicklungschancen erfolgreicher zusammenzuarbeiten. Es versucht innerhalb des gegebenen Kontextes zwischen den Bedürfnissen des Einzelnen (ich), dem Miteinander (wir) und der Aufgabe (Thema) Ausgeglichenheit herzustellen (Abb. 7.1).

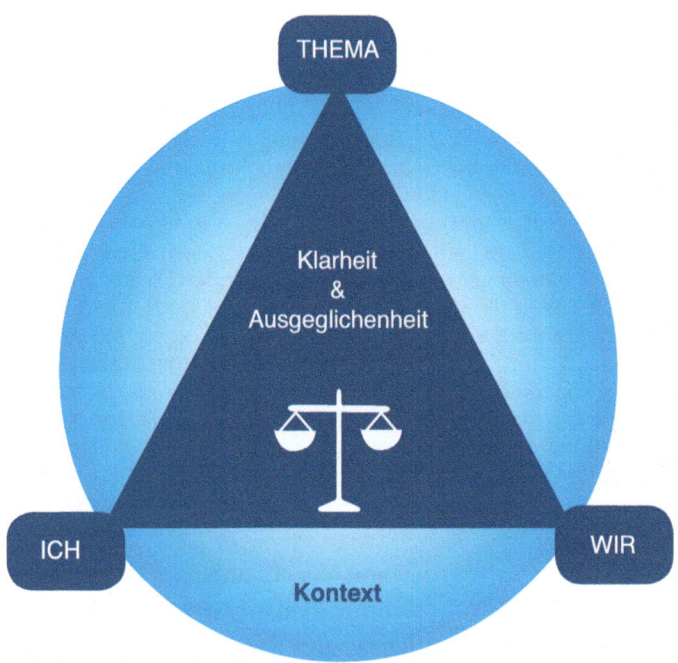

Abb. 7.1 Modell der Themenzentrierten Interaktion nach Cohn (1975; eigene Darstellung)

Tipp

Nutzen Sie das Vier-Faktoren-Modell der Themen-zentrierten Interaktion (Cohn 1975), um Transparenz in einen Dialog zu bringen. Unterscheiden Sie dazu:

- Ich – die einzelnen Personen mit ihrer Biografie: Welche Anliegen haben die Beteiligten? Welche Möglichkeiten und Grenzen bringen sie mit?
- Wir – das sich entwickelnde Beziehungsgefüge der Gruppe (Interaktion): Welche Qualität hat die Beziehung? Welche Entwicklungsmöglichkeiten und Grenzen hat die Beziehung?
- Thema – der Inhalt, um den es geht, oder die Aufgabe: Was ist das Thema? Welche Grenzen und Möglichkeiten bringt das Thema mit?
- Kontext – das organisatorische, strukturelle, soziale Umfeld, das die Zusammenarbeit der Gruppe bedingt und beeinflusst und das umgekehrt von der Arbeit der Gruppe beeinflusst wird: Was sind änderbare und was sind nicht änderbare Rahmenbedingungen, unter denen die Beteiligten arbeiten oder der Prozess stattfindet?

Die Dialogpartner werden unterschiedliche subjektive Einschätzungen zu den oben genannten Fragen haben. Lassen Sie sich davon nicht verwirren. Es geht nicht um Wahrheit, sondern um Wahrnehmung. Der Austausch bringt Erkenntnis, Kreativität und Kooperation. Er beinhaltet von jedem Dialogpartner ein klares Ja und ein klares Nein.

Greifen wir dafür das Fallbeispiel 3.1 von Christoph und Jenny aus Kap. 3 auf und betrachten eine Variante der Situation.

Fallbeispiel 7.3 (Fortsetzung von Fallbeispiel 3.1)

Angenommen, Jenny habe Christoph explizit gefragt, ob er die Tabellen und Abbildungen für ihren Bericht bis übermorgen erstellen kann. Christoph ist sich noch nicht darüber klar, ob er das schafft, da er noch die Präsentation für den Vorstand fertigstellen muss, und die lässt sich wirklich nicht verschieben. Dennoch will er Jenny gern helfen. In ihm tauchen *Ambivalenzen* auf, unterschiedliche Werte werden aktiviert, z. B. Kollegialität, Verlässlichkeit und Qualität (Kap. 5). Anstatt diese Zwickmühle ungefiltert zu äußern (z. B. „Klar, äh, also ich weiß nicht, ob ich das hinkriege, na, wird schon irgendwie gehen, mach ich gern, echt stressig momentan, egal, keine Ahnung, mal gucken …"), bittet er um weitere Präzisierung und um einen Moment Bedenkzeit, um zunächst innere Klarheit zu gewinnen. Das sagt er Jenny gegenüber direkt. Zum Beispiel könnte er formulieren:

„Ich unterstütze dich gern, das weißt du. Momentan habe ich wirklich viele Terminsachen. Kannst du mir noch mal konkret das von dir gewünschte Ergebnis beschreiben? Dann kann ich abschätzen, wie lange ich zur Ausarbeitung brauche und gleich in Ruhe in meinen Kalender gucken. Ich schreibe dir spätestens gegen 12 Uhr eine Mail, ob es überhaupt geht und wenn ja, bis wann. Ist das okay?"

Damit hat er die erste Hürde genommen, um nicht überstürzt eine vage und zugleich unrealistische Zusage zu machen, ein Ja, das er später vielleicht zurücknehmen muss. In seiner Aussage hat er das Vier-Faktoren-Modell der TZI berücksichtigt:

- Ich: Er hat sein Anliegen ausgedrückt und das von Jenny verstandene Anliegen aufgegriffen, seine knappen *Ressourcen* sind angedeutet und er wird sie klären.

- Wir: Er hat mit der Formulierung „Ich unterstütze dich gern" auf die positive Beziehung Bezug genommen.
- Thema: Er erfragt eine Konkretisierung der Aufgabe.
- Kontext: Die Rahmenbedingungen sind zurzeit nur durch „momentan viele Terminsachen" erwähnt worden und eine direkte Benennung der Vorstandspräsentation könnte die Entscheidung und deren Begründung erleichtern.

Im Beispiel wird deutlich, dass die Berücksichtigung der Belange des Gegenübers, der Beziehung, der Sache und des Kontextes, ein klares Aufzeigen der eigenen Grenze leichter machen. Weshalb erscheint Nein Sagen so schwierig? Wesentliche Gründe haben wir schon in den vorigen Kapiteln betrachtet:

- persönliche Glaubenssätze, Ansprüche und innere Antreiber, die kein Nein erlauben (Kap. 2 und 5),
- mangelnde innere Klarheit über eigene Werte, Möglichkeiten und Grenzen (Kap. 4 und 5),
- Angst vor Beschädigung von Beziehungen, das heißt vor negativen sozialen Folgen und Konflikten,
- Unsicherheit im Miteinander und in der Kommunikation durch die *VUKA*-Faktoren.

Dass ein klares Nein einen großen Wert für ein authentisches und erfolgreiches Miteinander hat, ist einer der zentralen Punkte, die wir hier gern herausarbeiten möchten. Viele Menschen assoziieren Nein mit etwas Negativem, mit Ablehnung und Zurückweisung. Dabei zeigt unter anderem die Perspektive des Wertequadrats (Kap. 6) auf, dass ein Nein zugleich ein Ja beinhaltet: Ich kann Nein zu Perfektionismus und damit Ja zu mehr Gelassenheit sagen oder Nein zum Termin und Ja zur Person und zur Aufgabe, wie Christoph es voraussichtlich tun wird. Ein Nein macht zudem, wie Martin Wehrle (2015) betont, das Ja viel kostbarer. Anregungen, die negativen *Assoziationen* mit einem Nein zu hinterfragen, finden Sie im nächsten Tipp.

Entscheidend für Ihr Ja und Ihr Nein ist, dass es für Sie innerlich gut begründet ist und Sie sich vorher die Konsequenzen bewusst machen. Überlegen Sie sich, ob Sie diese zu tragen bereit sind. Die volatile Arbeitswelt bietet wenig Vorhersagbarkeit – mit Überraschungen ist stets zu rechnen. Das heißt, wir treffen diese Entscheidungen fast immer, ohne dauerhaft sichere Informationen zu haben. Manchen Menschen macht das Angst. Wie gelingt es Ihnen, diese Angst, den damit einhergehenden Stress, abzubauen? Wir hoffen, Sie konnten aus den vorhergehenden Kapiteln dazu einige Anregungen mitnehmen. Unter Angst sagen wir eher Ja als Nein (Kap. 4). Das heißt, wieder ist unser Vertrauen in uns selbst und unsere Organisation gefragt, dann haben wir deutlich mehr Möglichkeiten, als wir denken. Die Option auf ein authentisches Ja und Nein stellt den Handlungsspielraum wieder her. Ähnlich wie beim Hinterfragen der Glaubenssätze (Kap. 2) können Sie auch eventuell vorhandene Zweifel an der Gleichberechtigung der Option Nein hinterfragen, wie im folgenden Tipp genauer ausgeführt wird.

Tipp

Wenn Sie denken „Das kann ich doch nicht machen", ist das *Worst-Case-Szenario* eine klassische Methode, diesen Gedanken zu hinterfragen. Mal angenommen, Sie sagen Nein. Und dann? Beschwören Sie die Katastrophe herauf: Was kann im schlimmsten Fall passieren? Möglicherweise ist Ihr Gegenüber einen Tag lang verstimmt, möglicherweise denkt auch irgendjemand, Sie seien etwas weniger belastbar als vermutet. Eventuell werden Sie beim nächsten Mal nicht mehr als Erster gefragt, obwohl dies dann vielleicht schön gewesen wäre. Aber auch das pendelt sich wieder ein. In den meisten Jobs und ehrenamtlichen Tätigkeiten geht es nicht um Leben oder Tod. Die meisten Konsequenzen eines Neins sind viel weniger gravierend, als wir auf den ersten Blick meinen.

Ungewöhnlicher ist die lösungsfokussierte Methode (de Shazer 2010). Ihre Szenarien basieren auf der Erkenntnis, dass zwischenmenschliche Lösungen sich leichter mit dem Fokus auf *Ressourcen* und Möglichkeiten finden lassen als mit einer genauen Analyse des Problems. Die Fragestellungen sollen Ihnen dazu dienen, sich an nützliche Lösungsbestandteile zu erinnern, um daraus eine potenzielle Lösungsvorstellung zu entwickeln (Ferrari 2015; Sparrer 2017):

- Einmal angenommen, Nein sagen würde Ihnen leichtfallen, was wäre dann anders? Welche Kompetenzen würden Sie dazu nutzen? In welchen Situationen haben Sie diese Kompetenzen bereits? Wie können Sie einen ersten kleinen Schritt machen, um sich Ihre Kompetenzen in dieser Situation verfügbar zu machen?
- Einmal angenommen, Sie hätten schon vor längerer Zeit Nein gesagt, welche guten Resultate erleben Sie heute? Wer würde außer Ihnen Verbesserung merken? Woran? Wer würde Vorteile davon haben? Welche?
- Einmal angenommen, Ihr Gesprächspartner würde Ihr Nein gut aufnehmen, woran würden Sie es merken?

Was könnte sich in der Beziehung durch Ihr Handeln zum Besseren verändert haben? Was würde darüber hinaus im Team ermöglicht?

• Wie zufrieden sind Sie mit Ihrer Art, mit der Situation umzugehen? Bitte wählen Sie einen Wert auf einer Skala von 0 bis 10 (0 steht für völlig unzufrieden, 10 steht für völlig zufrieden). Was genau ist Ihnen gelungen, sodass Sie keinen schlechteren Wert nennen? Welcher Wert auf der Skala wäre für Sie schon gut? Was ist bei diesem Skalenwert konkret anders? Und was ist noch anders? Was könnten Sie ausprobieren, um den ersten kleinen Schritt in diese Richtung zu tun?

Manchmal wird ein Nein unangemessen hart artikuliert, weil die jeweilige Person zu oft Ja statt Nein gesagt hat. Dann wird das Nein mit viel Nachdruck ausgesprochen und mit Emotionalität hinterlegt. Im Modell „Vier Seiten einer Nachricht" (Schulz von Thun 2017; Kap. 9), klingt das Nein dann auf der Sach- und der Beziehungsebene: „Nein, ich will das nicht und ich mag dich nicht." In diesem Fall ist die Angst davor, die Beziehung zu beschädigen, berechtigt. Ihr Gesprächspartner kann das „… und ich mag dich nicht" nonverbal wahrnehmen, auch wenn Sie es nur denken.

Tipp

Sagen Sie Nein in der Sache und Ja zur Person:
Konzentrieren Sie sich im Gespräch auf die positiven Aspekte, die Sie mit der Person verbinden, während Sie sich in der Sache deutlich abgrenzen. In der Regel machen Sie

das schon in Kontexten, in denen Sie sich sicher fühlen. Den meisten Menschen gelingt es im Freundeskreis, das zweite Stück Kuchen oder die Einladung zum Fußballspiel oder die Bitte, beim Umzug zu helfen, abzulehnen, während sie die Zuneigung zum Gesprächspartner spüren.

Sie brauchen diese positiven Aspekte nicht aussprechen. Es reicht, wenn Sie sich mental darauf fokussieren. Die positive Haltung wird sich *nonverbal* im Gespräch ausdrücken und Ihr Nein in der Sache verträglich machen, weil Ihr Gegenüber spürt, dass dieses Nein mit Ihrer beider Beziehung nichts zu tun hat.

Es ist hilfreich, wenn Ihr Nein nachvollziehbar wird, weil es mit begründender Information ausgesprochen wird. Jenny hat Christoph gegenüber einen legitimen Wunsch geäußert, als sie ihn um Unterstützung bei den Tabellen gebeten hat. Sie hat eine kurze Erklärung verdient, wenn er Nein sagt, und sei es „nur" zum Aspekt der Terminierung auf übermorgen. Im Sinne der sozialen Austauschtheorie (Thibaut und Kelley 1959) gibt Christoph ihr damit zwar nicht unmittelbar, was sie gern wollte, aber doch symbolisch etwas: Er erkennt an, dass sein punktuelles Nein eines Ausgleichs bedarf.

Ein solcher Ausgleich kann darin bestehen, dass man sich die Zeit nimmt, nachvollziehbar zu begründen, warum es momentan nicht möglich ist und wie es ggf. in Zukunft möglich sein wird. Hilfreich ist es insbesondere, hier zwischen verschiedenen Abstufungen von bedingtem und unbedingtem Ja bzw. Nein zu differenzieren.

Tipp

1. Klären Sie für sich den präzisen Rahmen Ihrer Zustimmung oder Ablehnung sowie die Konsequenzen, die aus Ihrer Entscheidung erwachsen:
   - Was habe ich schon entschieden und was ist für mich noch diskutabel?
   - Wozu sage ich klar und deutlich „Nein! Veto, das mache ich nicht und das trage ich nicht mit"? (Ferrari 2015).
   - Wozu sage ich „Nein, ich sehe das anders und möchte es anders umsetzen. Da allerdings die Mehrheit dafür ist, trage ich die Entscheidung mit und setze es entsprechend um"?
   - Welchen Teilaspekten stimme ich zu, welche Teilaspekte lehne ich ab? Wie bestimmt dies mein Handeln?
   - Welche Rahmenbedingungen müssten sich verändern, damit ich „Ja" sage?
   - Wozu sage ich klar und deutlich „Ja, ich stimme zu und setze es um!"?

2. Begründen Sie Ihre Entscheidung wahrheitsgemäß. Konstruierte Begründungen signalisieren *nonverbal* Inkongruenz. Das heißt, die Unstimmigkeit zwischen Ihren Worten und Ihren Gedanken wird über Körpersprache und stimmlichen Ausdruck wahrnehmbar. Das führt beim Gesprächspartner zu Irritation und Misstrauen.

3. Beziehen Sie die Stimmungslage, Beweggründe und Ziele Ihres Gesprächspartners mit ein. Das ist für Führungskräfte im Dialog mit Mitarbeitern eine selten genutzte Chance. Die Idee „Wenn ich Nein sage, reicht das" herrscht vor. Bitte beachten Sie den Preis, den Sie dafür zahlen und die Möglichkeiten, die Sie hätten, wenn Ihr Gesprächspartner sich von Ihnen mit seinen Bedürfnissen wahrgenommen fühlt. *Agilität* erfordert minimale Hierarchie. Wenn Sie als Führungskraft auf Augenhöhe mit Ihren Mitarbeitern umgehen, fördern Sie Vertrauen und die gegenseitige Bereitschaft,

Beweggründe für Zustimmung und Ablehnung anzuerkennen. Möglicherweise finden Sie durch die Transparenz der Bedürfnisse im Dialog eine neue Handlungsoption, eine kreative Lösung, die beide Beteiligten zufriedenstellt (Weisbach und Sonne-Neubacher 2015). Hilfreiche Fragen (Ferrari 2016) können sein:

- Welche Werte hat jeder von uns?
- Welche Vision verfolgt jeder von uns oder wir gemeinsam?
- Wo liegen die jeweiligen Chancen und Herausforderungen?
- Welche Talente und Fähigkeiten hat jeder von uns?
- Welche Lösungen wurden bisher gemeinsam ausprobiert?
- Wie und wo ist es uns bisher gelungen gemeinsam erfolgreich zu sein?
- Welche Befugnisse besitzt jeder von uns?
- Wie sind unsere Beziehungen zu Vorgesetzten, Kollegen und Mitarbeitern?

4. Konzentrieren Sie sich auf das Wesentliche. Wenn Sie viele Gründe anführen, könnten sich diese wechselseitig entwerten (*discounting principle* nach Kelley 1973).

Fazit

Dieses Kapitel führt aus, wie wir uns im Dialog mit unseren Möglichkeiten und Grenzen zeigen können. Die immer mehr Bereiche tief durchdringende *Digitalisierung* fordert diesen Wandel im Miteinander hin zu mehr Transparenz, fordert mehr echten Dialog (Sprenger 2018), um weiterhin erfolgreich zu sein. Erfolg ist dabei kein individuelles Merkmal, sondern ein Ergebnis eines gemeinsamen Kulturprozesses. Eine Haltung von gegenseitigem Interesse, Akzeptanz und Respekt ist wesentlich sowie der sichere Raum im Miteinander für Offenheit und Vertrauen. Mit der Methode der themenzentrieten Interaktion gelingt es Ihnen, aus wechselnden Perspektiven – Thema, Ich, Wir und Kontext – verschiedene Bedarfe wahrzunehmen, um Sicherheit und Transparenz im Dialog zu unterstützen. Die Arten des bedingten und unbedingten Ja- und Nein Sagens beachten systemische Ausgleichsprinzipien und involvieren den Gesprächspartner. Auf der Basis einer guten Beziehungsebene wird auch ein Nein akzeptiert werden, wenn Sie nonverbal ein unbedingtes Ja zur Beziehung mit dem Gesprächspartner ausdrücken. So stärken Sie die gesunde Leistungsfähigkeit Ihres Teams für die Herausforderungen der *Arbeitswelt 4.0.*

Literatur

Buber, M. (2008*). Ich und Du.* Stuttgart: Reclam.

Cohn, R. C. (1975). *Von der Psychoanalyse zur themenzentrierten Interaktion. Von der Behandlung einzelner zu einer Pädagogik für alle.* Stuttgart: Klett-Cotta.

de Shazer, S. (2010). *Der Dreh. Überraschende Wendungen und Lösungen in der Kurzzeittherapie.* Heidelberg: Carl Auer.

Ferrari, E. (2015). *Toolbox Konflikte Lösen. Tool 10.2.* Aachen: Ferrari Media.

Ferrari, E. (2016). *Solution Poker. 125 Karten mit Erläuterungsheft.* Aachen: Ferrari Media.

Fiske, S. T., & Neuberg, S. L. (1990). A continuum of impression formation, from category-based to individuating processes: Influences of information and motivation on attention and interpretation. *Advances in Experimental Social Psychology, 23,* 1–74.

Kelley, H. H. (1973). The processes of causal attribution. *American Psychologist, 28*(2), 107–128.

Schlee, J. (2012). *Kollegiale Beratung und Supervision für pädagogische Berufe* (3. Aufl.). Stuttgart: Kohlhammer.

Schulz von Thun, F. (2017). *Miteinander reden 3. Das "Innere Team" und situationsgerechte Kommunikation. Kommunikation, Person, Situation.* Reinbek: rororo.

Sparrer, I. (2017). *Einführung in die Lösungsfokussierung und Systemische Strukturaufstellungen.* (4. Aufl.). Heidelberg: Carl Auer.

Sprenger, R. (2018). *Radikal digital. Weil der Mensch den Unterschied macht.* München: DVA.

Tajfel, H. (1982). Social psychology of intergroup relations. *Annual Review of Psychology, 33*(1), 1–39.

Thibaut, J. W., & Kelley, H. H. (1959). *The Social Psychology of Groups.* New York: Wiley.

Wehrle, M. (2015). *Sei einzig, nicht artig!* München: mosaik.

Weisbach, C. R., & Sonne-Neubacher, P. (2015). *Professionelle Gesprächsführung. Ein praxisnahes Lese- und Übungsbuch.* München: dtv.

Whyte, D. (2001). *Crossing the unknown sea: Work as a pilgrimage to identity.* New York: Riverhead books.

8

Effizient und teamorientiert delegieren im Dialog

Energy flows where attention goes.
(Steve de Shazer)

In diesem Kapitel wollen wir die andere Seite des Dialogs betrachten: Sie werden nicht um etwas gebeten und sind dadurch mit Grenzfindung und -kommunikation befasst, sondern bitten jemand anderen, eine Aufgabe oder ein ganzes Projekt zu übernehmen. Auch dies ist eine mögliche Folge klarer Ziele und Prioritäten und eine Möglichkeit der Be-Grenzung. Sie reduzieren damit Ihr eigenes Pensum, gewinnen Zeit und geben zumindest teilweise Verantwortung ab. Im Idealfall profitiert Ihr Gegenüber – sofern nicht selbst überlastet – davon, erlebt die Aufgabe

© Springer-Verlag GmbH Deutschland, ein Teil von Springer Nature 2019
K. Mierke und E. van Amern, *Klare Ziele, klare Grenzen,*
https://doi.org/10.1007/978-3-662-56826-2_8

als Entwicklungschance, lernt Neues dazu und gewinnt mehr Abwechslung durch die Tätigkeit. Ob Sie an einen Kollegen oder Mitarbeiter delegieren, an eine andere Abteilung oder einen externen Dienstleister, ist dabei nachrangig. Entsprechend befasst sich dieses Kapitel u. a. mit den folgenden Fragen:

> **Fragen**
>
> Welche Vorteile bringt teamorientierte Delegation im Dialog auf beiden Seiten?
> Wie können Sie sich gut auf ein Delegations- oder Übergabegespräch vorbereiten?
> Welche Effekte hat es, zu wenig und welche, zu viel Freiraum zu geben?
> Was kennzeichnet offene Fragen und wie tragen diese dazu bei, in einen echten Dialog zu kommen, auf Augenhöhe zu kommunizieren, Missverständnissen vorzubeugen und zugleich zu motivieren?

Unter Delegation versteht man die Übertragung von Verantwortung und Kompetenz, in der Regel an hierarchisch unterstellte Mitarbeiter (Gabler Wirtschaftslexikon 2018). Sofern das Gegenüber die grundsätzliche Bereitschaft und nötigen Fähigkeiten mitbringt, über die erforderlichen Informationen, Arbeitsmittel und Kapazitäten verfügt, ist Delegation eine hocheffektive Form der gemeinsamen Entwicklung. Sie geht in der Regel mit Entlastung auf der einen Seite und mit *Job-Enrichment* bzw. *Job-Enlargement* (Lawler 1969; Paul et al. 1969) auf der anderen Seite einher, fördert also durch inhaltliche Anreicherung oder Erweiterung von Aufgabengebieten den Kompetenzaufbau im Team. Kein Grund, ein schlechtes Gewissen zu haben. Sie tun der anderen Person idealerweise einen Gefallen – wie gesagt, solange sie Kapazitäten dafür frei hat und sofern die Aufgabe für sie attraktiv ist. Hier gehen die Einschätzungen auseinander: Was den einen beansprucht, macht der andere gern und findet es entspannend (z. B. im Fall von Routinetätigkeiten) oder als positive Herausforderung.

Viele Menschen haben die Erfahrung gemacht, dass es mehr Arbeit war, etwas zu delegieren, als es direkt selbst zu tun. Oft hört man: „Ach, das geht schneller, eh ich das wem erklärt habe …" Oder auch: „Das wird nie so, wie ich es brauche." Das folgende Fallbeispiel illustriert eine solche Situation.

Fallbeispiel 8.1

Karin ist Trainerin bei einem Institut für Erwachsenenbildung. Sie soll eine neue Seminarreihe erstellen und hat grünes Licht von ihrem Vorgesetzten, ihren Kollegen Falk mit einzubinden. Sie macht sich einen Zeitplan und ein erstes Grobkonzept zu den fünf geplanten Modulen und beschließt dann, dass Falk Übungsblätter für die Teilnehmer zusammenstellen kann. Damit muss sie sich dann nicht mehr befassen. Aber Falk kommt in den ersten Tagen immer wieder an und fragt nach allen möglichen Details. Karin reagiert erst zurückhaltend („Da steht vieles noch nicht fest, sammel einfach erst mal") und irgendwann genervt („Och, du, mach halt, du kennst das doch eigentlich alles, das kriegst du schon hin!"). Noch hofft sie, dass Falk die Kurve kriegt und wie verabredet innerhalb der gesetzten acht Wochen eine Sammlung mit Arbeitsblättern, Kleingruppenübungen etc. zusammenstellt, die sie dann sinnvoll auf die Module verteilen kann. Als sie nach sechs Wochen nachfragt, gibt er ihr auch tatsächlich eine Menge Material – aber Karin ist schockiert. Die Hälfte davon ist unbrauchbar, weil es für eine andere Zielgruppe ausgelegt ist. Damit wären die Teilnehmer überfordert, zu viel Text, das Sprachniveau zu akademisch. Noch dazu stimmt zum Teil das Layout nicht, das Farbschema der Abbildungen stammt aus einem anderen Bereich. Das muss auf jeden Fall noch aussortiert, ergänzt und überarbeitet werden. Komplett ist das Paket ohnehin nicht. Das hatte sie auch nicht erwartet, aber wenigstens doch, dass sie die Sachen verwenden kann, die er ihr liefert. So war die Delegation jetzt aus Sicht von Karin ziemlich für die Tonne. Als sie das Falk unverblümt sagt, antwortet er: „Erst weißt du nicht, was du willst, und dann ist alles verkehrt. Weißt du was, dann mach es doch beim nächsten Mal einfach direkt selber." Ja, das hätte ich wahrscheinlich tun sollen, denkt Karin frustriert, jetzt wird es zeitlich ganz schön knapp …

Karin hat vollkommen unterschätzt, was für einen enormen Informationsvorsprung sie vor Falk hat. Viele Dinge konnte er tatsächlich nicht wissen. So haben sie – wird ihr im Nachhinein bewusst – nie wirklich über die Zielgruppe der Seminarreihe gesprochen, weil es ihr so offensichtlich schien. In welchen Bereich das ganze Projekt fällt, welches Layout und Farbschema also gefordert ist, hat sie möglicherweise ebenfalls vergessen zu erwähnen, nachdem es dann feststand. Aber warum hat Falk denn nicht gefragt? Wollte er wohl, fällt ihr dann ein, aber da hat er sie in einem ungünstigen Moment erwischt. Irgendwie müssen sie beim nächsten Mal besser kommunizieren. Nun hat sie nicht nur eine Menge Arbeit vor sich, sondern es herrscht auch schlechte Stimmung zwischen ihr und ihrem Kollegen, den sie eigentlich sehr mag.

Wie lassen sich solche Situationen vermeiden? Grundsätzlich kann man sagen, dass Delegations- oder Übergabegespräche nicht zwischen Tür und Angel erfolgen sollten. Ganz ohne Vorbereitung ist teamorientierte Effizienz in Kommunikationsprozessen kaum möglich. Damit jemand eine konkrete Aufgabe mit Engagement und Freude sowie vollständig und richtig erledigen kann, müssen Kontext und Sinn dieser Aufgabe transparent gemacht werden. Zusätzlich ist entscheidend, in welcher Form dann Prozess begleitend sowie am Ende Feedback gegeben wird (Kap. 9).

> **Wichtig**
>
> Bei der Delegation helfen als einfaches Modell die vier Leitfragen (Andreas 2006):
> - Bezogen auf das Thema: Was?
> - Bezogen auf den Prozess: Wie?
> - Sinnhaftigkeit bezogen die Vorgeschichte: Warum?
> - Sinnhaftigkeit bezogen auf die Ziele/Zukunft: Wozu?

Ziel ist es, durch ausreichende Information, Verständnis und Motivation zu erzeugen sowie Menschen mit unterschiedlichen Denkmustern abzuholen (O'Connor und Seymour 1996). Im Was wird die Aufgabe selbst spezifiziert, im Wie die Art und Weise der gewünschten Umsetzung. Das würde einem klassisch-autoritären Führungsverständnis zufolge bereits vollkommen genügen („Tu es, tu es genau so, und zwar, weil ich es sage"). Zusätzliche Rahmeninformationen, die das Gefühl von Sinnhaftigkeit und damit echte Motivation erzeugen, ergeben sich erst aus dem Warum und Wozu. In einem vertrauensvollen Klima, in dem auf Augenhöhe kommuniziert wird und die Perspektive des Gegenübers aktiv einbezogen wird, sollte dies selbstverständlich sein.

Ein Verständnis der Zusammenhänge begünstigt zudem eigenständiges Problemlösen im Fall von auftretenden Schwierigkeiten. Das Warum bezieht sich dabei auf die Entstehungsgeschichte, den Kontext und die Begründungszusammenhänge in der Vergangenheit: Wie ist die Aufgabe oder das Projekt zustande gekommen? Das Wozu hebt darauf ab, welches (ggf. übergeordnete) Ziel in der Zukunft erreicht werden soll und welchen Beitrag die Aufgabe hierzu leistet. Sind alle vier Fragen beantwortet, wird die Aufgabe nachvollziehbar, gewinnt an subjektiver Bedeutsamkeit, und es entsteht eine positive Handlungsorientierung (vgl. auch die Ausführungen zu Zielen in Kap. 4).

Allgemein ist es ratsam, sich als Delegierender Ziel und Ablauf des Gesprächs vorab zu strukturieren und ggf. auch einen entsprechenden – zumindest stichwortartigen – Leitfaden zu verwenden. Der folgende Tipp gibt Anhaltspunkte, die dabei helfen können, sich gut vorzubereiten. Das wirkt zunächst aufwendig, ist aber lohnend und wird mit der Zeit schnell Routine. Die Punkte lassen sich gleichermaßen auf Delegationsgespräche zwischen Führungskraft und Mitarbeiter, wie auf kollegiale Übergabegespräche zwischen formal Gleichgestellten anwenden, beispielsweise, wenn sich der Zuschnitt von Aufgabenbereichen verändert oder eine Nachfolge, auch im Ehrenamt, eingearbeitet werden muss, ebenso auf Delegation an einen externen Dienstleister. Sofern das Gegenüber einschlägige Erfahrung und Routine mitbringt, können einzelne Punkte natürlich gekürzt werden. Bedenken Sie bei jedem Schritt auch den kulturellen Kontext, in dem Sie sich bewegen (Abb. 8.1).

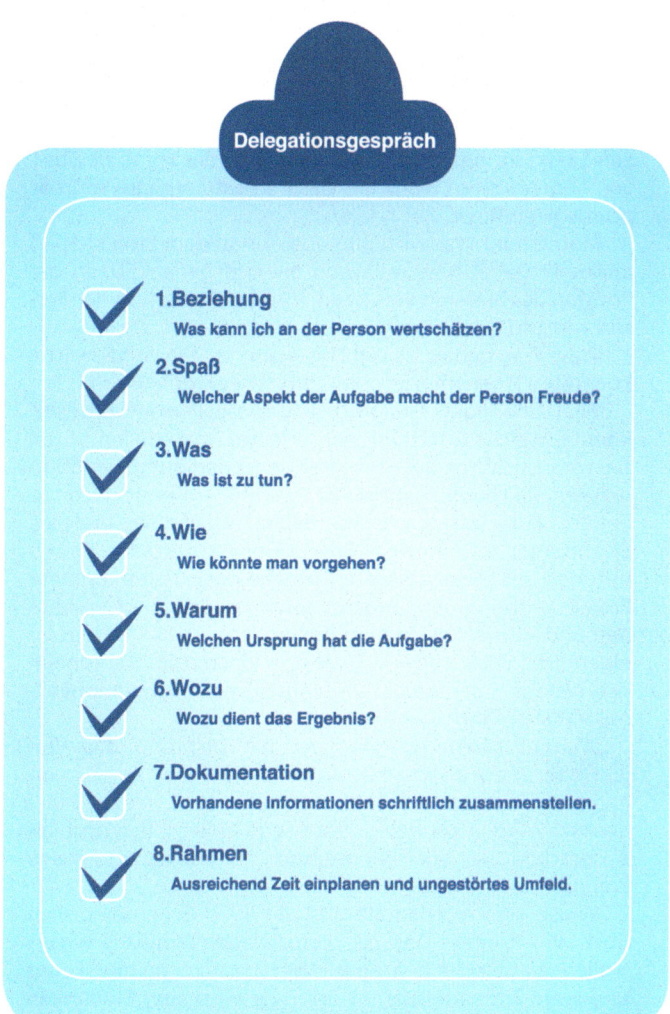

Abb. 8.1 Vorbereitung auf ein Delegations- oder Übergabegespräch

Tipp

Beziehung: Warum haben Sie diese Person ausgewählt? Wie lange arbeiten Sie schon mit ihr zusammen, was schätzen Sie an ihr besonders? Wenn Sie sich das vorab bewusst vor Augen führen, wird die Gesprächsatmosphäre spürbar positiv beeinflusst.

Motivation: Was wird ihm oder ihr an dem Projekt Spaß machen? Dabei hilft es, wenn Sie sich gedanklich in die Position des anderen versetzen. Welche Werte sind der Person wichtig?

Was: Was genau ist ggf. bis wann zu tun, und welche konkreten Eigenschaften weist ein gutes Ergebnis auf?

Wie: Überlegen Sie grob, wie diese Person vorgehen könnte, welche Informationen und ggf. materiellen Mittel sie voraussichtlich zur erfolgreichen Erledigung benötigt. Achten Sie darauf, nicht zu viel für offensichtlich zu halten. Berücksichtigen Sie dabei, welche besonderen Erfahrungen, Kenntnisse und Kompetenzen die Person bezogen auf diese konkrete Aufgabe oder dieses konkrete Projekt mitbringt. Der Prozess sowie benötigte Informationen und Hilfsmittel sind ein wesentlicher Punkt, den es im eigentlichen Gespräch im Dialog zu klären gilt. Sie können sich hierauf – gerade bei umfangreicheren Delegationen – nur eingeschränkt vorbereiten.

Warum: Überlegen Sie, welchen Ursprung das Projekt oder die Aufgabe hat und welche daher bereits vorhandenen *Ressourcen* und Ergebnisse (z. B. als Vorlage) genutzt werden können und wer ggf. außer Ihnen noch als Ansprechpartner oder zur weiteren Unterstützung infrage kommt.

Wozu: Was würden Sie anstelle Ihres Gegenüber noch über den Kontext und das Fernziel des Projektes wissen wollen, zu dem Sie beitragen? Wer Zusammenhänge kennt und wem Ziele transparent sind, der wird zum Mitdenken angeregt und kann so auch in komplexeren Problemsituationen selbst Lösungen entwickeln.

> **Dokumentation:** Stellen Sie bei umfangreicheren Delegationen am besten alles, was bereits feststeht und zu berücksichtigen ist, kurz schriftlich zusammen.
>
> **Rahmen:** Planen Sie in allen Phasen des Gesprächs ausreichend Zeit für offene Fragen von beiden Seiten ein, mit denen Sie ein klares gemeinsames Verständnis der zu übernehmenden Aufgabe ebenso sicherstellen wie die Aktivierung und Motivation Ihres Gegenübers (zur konstruktiven Nutzung offener Fragen siehe vertiefend den nächsten Tipp). Gute Gespräche sind nur möglich, wenn man ungestört miteinander reden kann. Wählen Sie einen ruhigen Ort und stellen Sie Ihr Telefon lautlos oder leiten Sie es um.

Wie das Fallbeispiel von Karin und Falk veranschaulicht hat, ist ein wesentlicher Aspekt, dass Menschen häufig zu wenig Information bekommen, um eine ihnen übertragene Aufgabe vollständig und gut erledigen zu können. Auch wenn es zunächst aufwendig wirkt, ist es im Wortsinne eine gute Investition, sich für Übergabe und Delegation Zeit zu nehmen und auch im Nachgang kurze, aber regelmäßige Kontakte einzuplanen. Die aufgewendete Zeit rentiert sich um ein Vielfaches in Form von weniger Rückfragen und deutlich geringerem Aufwand für Nachbesserungen, höherer Ergebnisqualität und nicht zuletzt auf der Ebene von Motivation und qualifizierender Wirkung beim Gegenüber sowie gutem Teamklima.

Zu wenig Abstimmung ist das eine Problem, zu viel das andere, nämlich allzu strikte, enge Vorgaben und engmaschigste Kontrollen. Echte Aufgabenübertragung erfordert, loslassen zu können. Wer letztlich die eigenen Ideen eins zu eins umgesetzt und jedes Detail im Blick haben will, überträgt keinerlei Verantwortung für das Ergebnis, sondern fordert reine Zuarbeit ein. Das ist manchmal erforderlich, aber dann sollte für alle Beteiligten klar sein, dass es ganz pragmatisch um Unterstützung in der Umsetzung geht und nicht um „eine tolle Chance für Sie". Um eine Übergabe oder Delegation im eigentlichen Sinne handelt es sich nicht, wenn alle Verantwortung bei dem verbleibt, der alles vorgibt.

> **Wichtig**
>
> Ein echter Teufelskreis ergibt sich aus der Kombination der beiden benannten Probleme. Unzureichende Information über Aufgabe, Kontext, Ziel und verwendbare Mittel bedeuten für die Person, an die delegiert wurde, dass sie kaum eine Chance hat, eigenständig zu einem guten Ergebnis zu kommen. Die daraus resultierende Unsicherheit, Suche nach Unterstützung und häufige Rückfragen lassen sie überfordert wirken. Daher scheinen ständige Kontrollen bei der Umsetzung aus Sicht des Delegierenden angemessen. Diese werden im Zweifelsfall zeigen, dass die Zwischenergebnisse nicht so ausfallen wie erwartet – wie auch, wenn die Erwartung nur vage kommuniziert wurde. Die resultierende Kritik und erforderliche Nachbesserungen verunsichern zusätzlich und ziehen weitere Rückfragen und wiederum noch engere Kontrollen nach sich. So wird aus der Kombination aus Kontrollnotwendigkeit bei unzureichender Anfangsinformation eine sich selbst erfüllende Prophezeiung (Merton 1948).

Kontrollen können für beide ausgesprochen hilfreich sein, um gemeinsam eine gute Zielerreichung abzusichern. Hier entscheidet, ebenso wie bei den Vorgaben vorab,

die Dosis, und die wiederum sollte gut auf Kompetenz-
niveau und Erfahrung in Bezug auf die konkrete Aufgabe abgestimmt sein. Je einfacher die Aufgabe und je
erfahrener die Kollegin oder der Mitarbeiter, desto weniger Vorgaben sind erforderlich, um eine erfolgreiche
Bearbeitung sicherzustellen. Hier kann es vollkommen
ausreichen, das (mit warum und wozu gerahmte) Ziel zu
definieren und die Person selbst über das „wann", „wo",
„mit wem gemeinsam" und „wie" der Realisierung entscheiden zu lassen. Am anderen Ende des Kontinuums
stehen Detailvorgaben all dieser Aspekte, wie sie beispielsweise für einen Berufsanfänger angemessen und
auch hilfreich sein können. Ein Führungsansatz, der diesen Aspekt explizit berücksichtigt, ist das Modell der *situativen* Führung von Hersey und Blanchard (1969), auch
als Reifegradmodell bekannt. Für das Gelingen *situativer*
Führung gilt eine übereinstimmende Einschätzung beider Beteiligten, hinsichtlich der beiden den Reifegrad
bestimmenden Dimensionen Kompetenz und *Commitment* des Mitarbeiters als bedeutsam (Thompson und
Glasø 2015). Wer vom Delegierenden als reifer ein-
geschätzt wird, als er oder sie sich selbst sieht, wird die
Aufgabe als kaum bewältigbare Überforderung wahrnehmen und Stress erleben (Kap. 1), aber auch subjektive
Unterforderung ist ungünstig. Erneut greift das Yerkes-
Dodson-Gesetz (Abb. 1) des umgekehrt u-förmigen
Zusammenhangs zwischen Aktivierung und Leistung, das
optimale Leistung bei mittlerer Anregung vorhersagt. Entscheidend ist stets der spezifische Reifegrad des Gegen-
übers, bezogen auf diese konkrete Aufgabe. Insofern muss
Führung und eben auch Delegation auf kollegialer Ebene

oder an externe Dienstleister stets situationsbezogen ausgerichtet werden.

Wesentlich ist in jedem Fall, dass Sie sich vor der Delegation darüber bewusst werden, was bereits klar festliegt
und wie viel und an welcher Stelle Sie andererseits Frei-
raum gewähren können und wollen. Mit allzu genauen
Vorgaben und ständigen Kontrollen unterfordern Sie Ihr
Gegenüber, wirken kleinkariert und untergraben die Motivation. Ein Zuviel an Freiraum hat andererseits zur Folge,
dass Sie Einschränkungen und Kontrollen nachschieben
müssen oder das Ergebnis nicht den Erwartungen entspricht, weil diese nicht klar genug definiert waren.

> **Tipp**
>
> Sofern Sie hinsichtlich bestimmter Aspekte klare Vor-
> stellungen haben, teilen Sie diese mit. Ebenso machen Sie
> explizit, wo Sie ergebnisoffen sind und der andere Frei-
> raum nutzen und autonom ausgestalten darf. Das setzt
> natürlich voraus, dass Sie sich selbst innerlich im Vorfeld
> Klarheit über beides verschafft haben (Kap. 4).

Autonomie, also das Bedürfnis nach Eigenständigkeit und
Freiraum, stellt vielen aktuellen Motivationstheorien
zufolge ein zentrales menschliches Grundbedürfnis dar
(z. B. Ryan und Deci 2000). Selbst wenn im Rahmen
eines Projekts unter Umständen sehr stark festgelegt ist,
was im Einzelnen wie zu tun ist, kann man immer noch
so weit als möglich Spielraum, z. B. bei der zeitlichen
Reihenfolge der Umsetzung, lassen. Diese Form der Auf-
gabenautonomie (Langfred und Moye 2004) fördert

experimentellen Studien zufolge die *Selbstwirksamkeits-erwartung*, Flow-Erleben bei der Aufgabe und sogar die objektive Leistung im Vergleich zu einer Bedingung, in der die Aufgabenreihenfolge strikt vorgegeben war (Mierke et al. 2017). Weiterhin haben die Versuchsteil-nehmer in diesen Studien anschließend eher eine heraus-forderndere anstelle einer leichteren Aufgabe gewählt sowie in Folgeaufgaben weniger selbstbehinderndes Ver-halten gezeigt, also sich für leistungsförderliche anstelle leistungshemmender Rahmenbedingungen entschieden (vgl. Berglas und Jones 1978). Beides dürfte weitreichende Dominoeffekte für die langfristige Entwicklung von Kom-petenzen, das subjektive Erfolgserleben und natürlich auch die reale Erfolgswahrscheinlichkeit haben. Wesentlich ist erneut, dass der Grad an *Autonomie* dem Reifegrad und den Bedürfnissen des Gegenübers angepasst sein muss und nicht etwa überfordert, was zu Widerstand oder Stress führen kann (vgl. auch Fallbeispiel 10.1).

Ein wertvolles Instrument, um im Delegations- oder Übergabegespräch in echten Dialog zu kommen und zudem zu prüfen, ob das Ausmaß an geplantem Frei-raum angemessen ist, sind offene Fragen. Offene Fra-gen sind dadurch gekennzeichnet, dass man sie nicht mit einem schlichten Ja oder Nein beantworten kann. Anders als das eher rhetorische „Haben Sie noch Fragen?" oder „Alles soweit klar?" setzen offene Fragen als selbstver-ständlich voraus, dass es Unklarheiten gibt und geben darf (z. B. „Welche Fragen haben Sie dazu?"). Damit stellen Sie sicher, dass der Gesprächspartner aktiviert wird und wirklich nachdenkt. Weiterhin können Sie als Delegie-render prüfen, ob Sie kompatible Vorstellungen von Ziel

und Umsetzung haben und ob das Wesentliche richtig
verstanden wurde (z. B. „Bitte schildern Sie mir doch einmal in Ihren Worten ..." oder auch „Wie möchten Sie
an die Aufgabe herangehen?"). Sofern Unsicherheit sichtbar wird, kann man noch einmal nachschärfen und ggf.
engmaschigere Rücksprachen oder mehr Unterstützung
seitens Dritter einplanen. Manche Fragen ergeben sich
allerdings erst im Prozess, daher sollten Zwischengespräche
eingeplant werden.

Oft steht bei einer Delegation oder Übergabe subjektiv im Vordergrund, dass man die Sache schnell loswerden will. Das ist in verschiedener Hinsicht ungünstig.
Man ist damit in seinem Aufmerksamkeitsfokus bei sich
selbst, eine Begegnung und ein Dialog sind so nicht möglich. Diese erfordern echtes Interesse am Gegenüber,
seiner Motivation, seinen Ideen, Unsicherheiten und Fragen bezogen auf die Aufgabe, ebenso wie eine Berücksichtigung des Kontextes und natürlich auch Information
zur Aufgabe selbst. Erst dann sind die vier Komponenten der Themenzentrierten Interaktion im Gleichgewicht
(Kap. 7).

> **Wichtig**
>
> Eine Haltung von „Das delegiere ich schnell" ist darüber
> hinaus ungünstig, weil man sich dann weniger Zeit für
> eine präzise Zielbeschreibung und die Klärung von Fragen
> nimmt, was sich in aller Regel rächt (s. die Situation von
> Karin und Falk in Fallbeispiel 8.1). Ein Grundgefühl von
> Eile und das Bedürfnis, etwas zügig loswerden zu wollen,
> kann sich zudem im Sinne des Phänomens der Stimmungs-
> ansteckung ungünstig auf das Gegenüber übertragen.

> Unter Stimmungsansteckung versteht man die Tendenz, automatisch Gesichtsausdruck, Sprechweise, Körperhaltung und Bewegungsmuster denen anderer Anwesender anzupassen, was zu einer emotionalen *Konvergenz* führt (Hatfield et al. 2014).

Auch wenn Stimmungsansteckung meist nicht bewusst erfolgt, ist das Phänomen den meisten Menschen gut nachvollziehbar. Ebenso wie Lachen oder Gähnen ansteckend wirken, kann sich die Niedergeschlagenheit oder Hektik eines Gesprächspartners auf einen selbst übertragen: Wenn uns jemand mit hängenden Schultern, gesenktem Blick und leiser Stimme etwas erzählt, werden wir dieses *nonverbale* und *paraverbale* Verhalten zumindest teilweise als Zuhörer automatisch übernehmen (sogenanntes *mimicry* oder Chamäleoneffekt; Chartrand und Bargh 1999). Dass Mimik, Haltung, Sprechweise etc. wiederum nicht nur Ausdruck von Emotionen sind, sondern auch auf unser Befinden rückwirken, ist mittlerweile gut belegt, selbst wenn diese nur unter einem Vorwand instruiert wurden (sog. *Bodyfeedback*): Wer z. B. für einige Minuten eine selbstsichere (im Vergleich zu einer unsicheren) Standhaltung eingenommen hat, wirkt anschließend auch in anderem Rahmen und anderer Körperhaltung tatsächlich selbstsicherer (Cuddy et al. 2015). Insgesamt werden wir durch die Tendenz zur Nachahmung in Kombination mit Bodyfeedbackprozessen empathischer für die Empfindungen unseres Gegenübers, eine wichtige Funktion für Lebewesen, die in größeren Sozialverbänden leben.

Dominieren beim Delegierenden Zeitdruck, Stress und das Grundgefühl, dass man diese Aufgabe hauptsächlich loswerden möchte, kann sich auch das auf das Gegenüber übertragen. Es wird kaum motivieren, wenn spürbar wird, dass dies eine Aufgabe ist, derer man sich am besten so schnell wie möglich entledigt und die stark mit innerer Unruhe und Druck assoziiert ist. Stimmungsansteckung ist also ein guter Grund mehr, sich Zeit zu nehmen und die eigene Haltung zum Gegenüber sowie zum Thema zu prüfen (s. Vorbereitungshinweise im Tipp weiter oben), bevor man ein Delegationsgespräch führt.

Soweit die Vorbereitung. Um im Gespräch dann wirklich in einen guten Dialog auf Augenhöhe zu kommen, sind neben der Grundhaltung und ausreichend Zeit wie gesagt insbesondere offene Fragen wertvolle Helfer. Als offene Fragen bezeichnet man solche, auf die der Gesprächspartner nicht einfach mit Ja oder Nein antworten kann, sondern seine Antwort frei formulieren kann bzw. muss. Offene Fragen wirken aktivierend, da sie keinen solchen geschlossenen Antwortraum in sich tragen, innerhalb dessen lediglich eine Entscheidung gefordert ist, sondern ergebnisoffen viele Möglichkeiten des Antwortens erlauben und damit zum Nachdenken und Mitdenken anregen. Klassische offene Fragen beginnen mit W-Wörtern (wer, wie, was, welche, wozu, wann?). Sie lenken Aufmerksamkeit – und damit Energie – auf das, was offen oder unklar ist, und motivieren so zur konkreten Lösungsgestaltung.

Der folgende Tipp gibt Anregungen für lösungsorientierte, offene Fragen bei der Übergabe oder Delegation komplexerer Projekte, die Sie nutzen können, nachdem Sie erste wesentliche Informationen zu Kontext, Ziel und Aufgabe gegeben haben (vgl. Schmitz und Billen 2016).

> **Tipp**
>
> Fragen Sie die Person zunächst, ob sie sich grundsätzlich vorstellen kann, die Aufgabe oder das Projekt zu übernehmen. So bekommen Sie – hoffentlich – ein erstes Ja.
> Stellen Sie offene Fragen, um in einen echten Austausch zu kommen, den anderen aktiv einzubeziehen und die Aufgabe zu seiner Aufgabe zu machen. Fragen Sie beispielsweise:
>
> - Welche Informationen benötigen Sie noch?
> - Welche Fragen haben Sie momentan?
> - Welche ersten Ideen haben Sie, um das anzugehen?
> - Was finden Sie besonders spannend oder herausfordernd?
> - Was wäre nach Ihrem Verständnis ein ideales Ergebnis?
> - Wie lange benötigen Sie, um sich einen ersten Überblick zu verschaffen und ggf. einen groben Zeitplan zu erstellen?
> - Was wäre entsprechend ein guter Zeitpunkt für unser nächstes Gespräch, bei dem wir Ihre dabei auftauchenden Fragen klären können?
> - Wie häufig bzw. zu welchen „Meilensteinen" wünschen Sie sich eine kurze Rückkopplung zwischen uns? (Diese Frage ist ggf. erst im Folgegespräch sinnvoll zu beantworten.)
> - Wie kann ich Sie noch unterstützen, damit Sie einen guten Start haben?
> - Wozu kann die Aufgabe Ihrer Einschätzung nach noch einen wertvollen Beitrag leisten?

Natürlich kann es vorkommen, dass Ihr Gegenüber Einwände hat. Einwände könnten zum Beispiel den avisierten

Zeitrahmen betreffen („In zwei Wochen? Das wird nicht klappen") oder die eigenen Fähigkeiten („Damit habe ich keine Erfahrung"). Sie sollten stets ernst genommen und besprochen werden. Oft steht dahinter ein echtes Anliegen, z. B. die Befürchtung, der Aufgabe nicht gewachsen zu sein. In diesem Fall geht es um die wahrgekommene Selbstwirksamkeit (Bandura 1977, Kap. 1) Ihres Kollegen oder Mitarbeiters, also seine Überzeugung, alles was das Projekt oder die Aufgabe verlangt, auch gut umsetzen zu können. Um die *situative Selbstwirksamkeitserwartung* bezogen auf die konkrete Aufgabe zu steigern, kann es hilfreich sein, Ihren Gesprächspartner an ähnliche Projekte zu erinnern, die er bereits zum Erfolg gebracht hat. Lassen Sie Ihr Gegenüber wissen, wo Sie besondere Kompetenzen und Erfahrungen sehen und wie diese konkret helfen werden. Nutzen Sie erneut offene Fragen wie „Was brauchst du, damit du es doch schaffst, was musst du noch wissen?" oder „Welche Schwierigkeiten befürchtest du, und was würde dir in dem Fall helfen?". Einwände liefern wertvolle Hinweise auf Punkte, die Sie übersehen haben.

Was den vorgesehenen Zeitrahmen angeht, bedenken Sie, dass Ihr Gegenüber eine andere Perspektive hat als Sie, beispielsweise im Hinblick darauf, welche anderen Aufgaben parallel zu bearbeiten sind, weshalb die Dauer der Erledigung nicht der reinen Bearbeitungszeit entsprechen wird. Fragen Sie in diesem Fall wieder offen, was angesichts dessen ein realistischer Termin wäre, bedenken Sie dabei gemäß der ALPEN-Methode Pufferressourcen (Zeit, Budget etc.) bzw. setzen Sie gegebenenfalls gemeinsam neue Prioritäten (Kap. 6).

Vage Einwände der Art „Warum immer ich?" oder „Also Lust darauf habe ich nicht wirklich …" können entschärft werden. Es hilft in diesem Fall, zuzugestehen, dass es vielleicht keinen Spaß machen wird, aber notwendig und wichtig ist („Sie dürfen das ungern tun, aber bitte tun Sie es"). Verdeutlichen Sie den Nutzen und den Wert der Aufgabe für das große Ganze, idealerweise in Anbindung an die Werte des Gegenübers (Kap. 5 und 6). Was wird dadurch möglich, dass dies getan ist? Attraktive Fernziele erleichtern die Hinnahme kurzfristiger Unannehmlichkeiten. Weiterhin kann es sinnvoll sein, gemeinsam zu überlegen, unter welchen Umständen die Bearbeitung der als unangenehm bewerteten delegierten Aufgabe angenehmer wäre: Ist es z. B. möglich, bei einer Routinetätigkeit Musik zu hören oder sie im Homeoffice zu erledigen? Auch hier hilft eine offene Frage, z. B. „Was bräuchten Sie, damit Sie etwas mehr Lust darauf hätten?" oder „Unter welchen für uns machbaren Umständen wäre es weniger unangenehm?".

Installieren Sie als Führungskraft, wenn möglich, ein faires Rotationsprinzip für allgemein ungeliebte Aufgaben, sodass es nicht immer die Gleichen trifft. Auch das ist eine Form von Teamorientierung.

> **Tipp**
>
> Im Anschluss an ein Delegations- oder Übergabegespräch ist es bei größeren Projekten unverzichtbar, dass alle weiteren betroffenen Kollegen im eigenen Team und gegebenenfalls an den Schnittstellen über die neuen Verantwortlichkeiten und Zuständigkeiten informiert werden.

Fehlgeleitete Anfragen sind in vielen Betrieben ein regelmäßig auftretender *Stressor* und kosten viel Zeit. Sie können die Nerven aller Beteiligten schonen, wenn Sie dafür sorgen, dass stets klar ist, wer wofür Ansprechpartner ist. Zugleich werden dem Kollegen die Türen geöffnet, wenn er aktiv auf andere zukommt, um Informationen, Mittel oder sonstige Unterstützung zu erbitten.

Im Rahmen von Delegationsprozessen gehört schließlich im beruflichen Kontext wie im Ehrenamt dazu, dass im Fall eines zeitlich begrenzten Projekts ein Abschlussgespräch geführt wird. Zusätzlich zu den Zwischenbesprechungen kann hier noch einmal gemeinsam ein Fazit gezogen werden, was gut gelaufen ist und wo für künftige Situationen Optimierungspotenzial besteht. Hier können sich beide Beteiligten gegenseitig Rückmeldung geben, was sie als hilfreich erlebt haben und was sie sich beim nächsten Mal noch vom anderen wünschen würden. Empfehlungen dazu folgen im nächsten Kapitel.

Fazit

Delegation und Übergabe von Aufgaben sind wichtige Möglichkeiten, die eigene Belastungsgrenze zu beachten und in Teams sowie an Systemschnittstellen Kooperation sowie abwechslungsreiche Aufgabenfelder zu gestalten. Ein gutes Delegations- oder Übergabegespräch erfordert gründliche Vorbereitung, echtes Interesse an einem Dialog mit dem Gegenüber und ausreichend Zeit für den Austausch von Informationen und Perspektiven mit Blick auf die Aufgabe oder das Projekt. Informationen zum Was, Wie, Warum und Wozu wirken sinnstiftend und damit motivierend. Weiterhin fördert die Einbettung in einen größeren Kontext, in eine gemeinsame Vision und in die Werte des Gegenübers dessen Fähigkeit, eventuell auftretende Probleme eigenständig zu lösen. Offene Fragen von beiden Seiten stellen innere Beteiligung her, bringen das Gespräch auf Augenhöhe und beugen durch die Intensivierung des Austauschs Missverständnissen und Konflikten vor.

Literatur

Andreas, T. (2006). *4-Mat: Vier Zugänge zum Verstehen.* Private Mitschrift aus einer gemeinsamen Veranstaltung.

Bandura, A. (1977). Self-efficacy: toward a unifying theory of behavioral change. *Psychological Review, 84*(2), 191–215.

Berglas, S., & Jones, E. E. (1978). Drug choice as a self-handicapping strategy in response to noncontingent success. *Journal of Personality and Social Psychology, 36*(4), 405–417.

Chartrand, T. L., & Bargh, J. A. (1999). The chameleon effect: the perception–behavior link and social interaction. *Journal of Personality and Social Psychology, 76*(6), 893–910.

Cuddy, A. J., Wilmuth, C. A., Yap, A. J., & Carney, D. R. (2015). Preparatory power posing affects nonverbal presence and job interview performance. *Journal of Applied Psychology, 100*(4), 1286-1295.

Gabler Wirtschaftslexikon. *Delegation.* [www Dokument]. Verfügbar unter https://wirtschaftslexikon.gabler.de/definition/delegation-29094/version-252711. (abgerufen am 11.4.2018).

Hatfield, E., Bensman, L., Thornton, P. D., & Rapson, R. L. (2014). New perspectives on emotional contagion: A review of classic and recent research on facial mimicry and contagion. *Interpersona, 8*(2), 159–179.

Hersey, P., & Blanchard, K. H. (1969). An introduction to situational leadership. *Training and Development Journal, 23*(5), 26–34.

Langfred, C. W., & Moye, N. A. (2004). Effects of task autonomy on performance: an extended model considering motivational, informational, and structural mechanisms. *Journal of Applied Psychology, 89*(6), 934–945.

Lawler, E. E. (1969). Job design and employee motivation. *Personnel Psychology, 22*(4), 426–435.

Merton, R. K. (1948). The self-fulfilling prophecy. *The Antioch Review, 8*(2), 193–210.

Mierke, K., Scheidtmann, S., & Ibrahimova, D. (2017). Task-order autonomy fosters flow, self-efficacy, cognitive performance, and challenge-seeking in test situations. *Journal of Business and Media Psychology, 8*, 20–27.

O'Connor, J., & Seymour, J. (1996). *Weiterbildung auf neuem Kurs: NLP für Trainer, Referenten und Dozenten.* Freiburg: Verlag für Angewandte Kinesiologie.

Paul, W. J., Robertson, K. B., & Herzberg, F. (1969). Job enrichment pays off. *Harvard Business Review, 47*(2), 61–78.

Ryan, R. M., & Deci, E. L. (2000). Self-determination theory and the facilitation of intrinsic motivation, social development, and well-being. *American Psychologist, 55*(1), 68–78.

Schmitz, S., & Billen, B. (2016). *Lösungsorientierte Mitarbeitergespräche* (5. Aufl.). München: Redline.

Thompson, G., & Glasø, L. (2015). Situational leadership theory: a test from three perspectives. *Leadership & Organization Development Journal, 36*(5), 527–544.

9

Kontinuierliches Feedback für Exzellenz

Die höchste Form menschlicher Intelligenz ist die Fähigkeit, zu beobachten, ohne zu bewerten.
(Jiddu Krishnamurti)

Die Begegnung im Arbeitsleben ermöglicht uns, unser Potenzial zu entfalten. Im Miteinander erleben wir unsere Kompetenzen und Talente. Während wir manche davon bewusst einsetzen, sind wir für andere blind und davon abhängig, dass wir Feedback bekommen. Die Kommunikation von Feedback bezieht sich vorrangig auf das konkrete Verhalten des anderen bzw. darauf, wie man den anderen mit diesem Verhalten erlebt. Offene Begegnung und direktes Feedback sind im Verlauf delegierter Projekte, ebenso wie im Kontext *proaktiver* und

© Springer-Verlag GmbH Deutschland, ein Teil von Springer Nature 2019
K. Mierke und E. van Amern, *Klare Ziele, klare Grenzen*,
https://doi.org/10.1007/978-3-662-56826-2_9

konstruktiver Konflikthandhabung wertvolle Instrumente, Möglichkeiten und Grenzen aufzuzeigen, Leistungsfähigkeit zu entfalten und Stress im Arbeitsalltag zu reduzieren. In diesem Kapitel befassen wir uns mit den folgenden Fragen:

Fragen
Wie erleichtern es die Prinzipien der Gewaltfreien Kommunikation nach Rosenberg, auch in schwierigen Situationen eine Rückmeldung zu formulieren, die das Gegenüber gut annehmen kann?
Welche Empfehlungen für Feedback ergeben sich aus Gordons Leadership Effectiveness Training?
Wie können Sie Schulz von Thuns Kommunikationsmodell nutzen und sich für den Unterschied zwischen direkten und indirekten Appellen sensibilisieren?
Welche Randbedingungen von Feedback helfen, die Verfestigung ungünstiger Wahrnehmungen und ungünstigen Verhaltens zu verhindern und so Exzellenz im Team zu fördern?
Wie können Sie dabei erneut offene Fragen für einen Dialog auf Augenhöhe nutzen?

Feedback gibt Menschen Orientierung und wirkt als Motor für gemeinsame Entwicklung. Wir alle haben blinde Flecken, ob im Positiven oder im Negativen. Exzellenz im Team wird möglich, wenn für alle transparent ist, welche ihrer Fähigkeiten und Verhaltensweisen für die gemeinsame Aufgabe besonders wertvoll sind, und welche möglicherweise als hinderlich erlebt werden. Feedback stellt diese Transparenz her und beugt Stresserleben vor. Stress kann entstehen, wenn Kollegen bestimmte Verhaltensweisen zeigen, die uns stören, oder wenn wir selbst unsicher sind, wie unser Verhalten auf andere wirkt. Manchmal ist diese Störung so gravierend, dass unsere Arbeitsfähigkeit nachhaltig beeinträchtigt wird, das Erbringen sehr guter Leistungen oder Ergebnisse erschwert ist. Der folgende Kasten gibt Beispiele hierfür.

Fallbeispiel 9.1

A. Die Kollegin hat nach einer Veranstaltung im gemeinsamen Meetingraum leere Kaffeetassen, ein beschriebenes Whiteboard und Tische quer im Raum herumstehend hinterlassen. Sie mussten aufräumen und sauber machen, bevor der Raum wieder genutzt werden konnte, und hätten diese Zeit dringend anderweitig benötigt.

B. Ein neuer Mitarbeiter schlägt vor, in den wöchentlichen Abteilungsbesprechungen immer einen Tag im Voraus eine Tagesordnung festzulegen und ein Ergebnisprotokoll zu schreiben, das dann an alle verschickt wird. Er erklärt sich bereit, eine Vorlage dafür zu erstellen. Bislang waren die Treffen eher formlos. Im Nachhinein ist der Mitarbeiter verunsichert, ob er damit vorlaut oder dominant gewirkt haben könnte. Immerhin ist er erst seit zwei Wochen im Team.

C. Ihr Vorgesetzter neigt dazu, Ihnen in gemeinsamen Kundengesprächen wiederholt ins Wort zu fallen. Gerade gestern wieder konnten Sie Ihre gut vorbereiteten Argumente nicht vollständig vorbringen und haben nun Sorge, vor dem Kunden als weniger kompetent dazustehen.

Es geht erneut darum, eigene Bedürfnisse und Grenzen zu wahren. Nein sagen begrenzt die Menge neuer Aufgaben, Delegation verringert ein bereits vorliegendes Aufgabenvolumen. Feedback wahrt Bedürfnisse, indem es

Orientierung darüber ermöglicht, welche Wirkung ein konkretes Verhalten in einem konkreten Kontext auf einen anderen hat. Wer eine Einschätzung von anderen erbittet – wie der neue Mitarbeiter in Situation B. der Fallbeispiele es tun könnte –, erfährt, ob er die Bedürfnisse des Feedbackgebers angemessen berücksichtigt hat bzw. wie er dies künftig besser tun kann. Das reduziert Unsicherheit, kommt also dem eigenen Bedürfnis nach Sicherheit und hier auch Bindung zugute. Wer einem anderen mitteilt, was dessen Verhalten bei ihm ausgelöst hat, stellt Information über die Außenwirkung dieses Verhaltens zur Verfügung. Anstatt sich dazu Dritten gegenüber zu äußern, sprechen Sie die betreffende Person bitte stets direkt an. Nur ein persönlicher Dialog gibt die Möglichkeit, dass der andere sein Verhalten mehr im Sinne gemeinsamer Exzellenz ausrichtet.

Die Achtung der eigenen Bedürfnisse sowie der Bedürfnisse des Gegenübers bilden die Grundpfeiler des von Marshall Rosenberg (2013) seit den 1960er-Jahren entwickelten Konzepts der Gewaltfreien Kommunikation. Aufbauend auf der humanistischen Tradition der klientenzentrierten Gesprächstherapie seines Lehrers Carl Rogers, sieht Rosenberg in der empathischen Verbindung zwischen den Kommunikationspartnern die zentrale Voraussetzung für das Gelingen von Kommunikation. *Empathie* wird seiner Überzeugung nach durch bestimmte Formen der Kommunikation gefördert, durch andere hingegen behindert. Das Modell der Gewaltfreien Kommunikation ist inzwischen international verbreitet und wird in unterschiedlichen Kontexten wie der Familienmediation, an Schulen, in Organisationen sowie in der politischen

Konfliktbearbeitung in Krisenregionen und Bürgerkriegs-
gebieten erfolgreich trainiert und eingesetzt.

Als hinderlich sieht Rosenberg statische Beschreibungen
an, beispielsweise die Zuschreibung überdauernder Eigenschaften. Im Fall A. der Beispiele aus 9.1, der Kollegin,
die den Meetingraum nicht aufgeräumt hat, wäre dies
z. B.: „Du bist echt rücksichtslos, uns so einen Saustall zu
hinterlassen." Vielmehr sollten Beschreibungen den Wahrnehmungen der Person zu einem konkreten Zeitpunkt in
einem konkreten Kontext entsprechen. Im Beispiel könnte
dies sein: „Montag früh stand im Meetingraum schmutziges Geschirr, und die Tische waren mitten im Raum
verteilt."

Weiterhin empfiehlt Rosenberg eine klare Trennung
von Beobachtung und Bewertung anstelle von deren Ver-
mischung, die in konfliktbehafteter Kommunikation häufig stattfindet („Saustall"). Schließlich entstehen Konflikte
häufig daraus, dass Kritik am Gegenüber geäußert wird,
anstatt das eigene Bedürfnis in den Vordergrund zu stellen
und einen entsprechenden Wunsch zu formulieren. Kritik
weckt beim Gegenüber den Impuls, sich zu verteidigen
und zu rechtfertigen oder zum Gegenangriff überzugehen,
was zur Eskalation führt, nicht zur Realisierung der eigenen Bedürfnisse.

Daraus folgen Empfehlungen, wie Rückmeldung und
Wünsche wirksam formuliert werden können. Im Zentrum steht dabei, mit der getroffenen Aussage bei sich zu
bleiben, also über die eigenen Beobachtungen, Gefühle
und Bedürfnisse zu sprechen und nicht etwa zu ana-
lysieren oder zu interpretieren, was der andere beabsichtigt
hat oder auf welche Eigenschaften sein Verhalten in der

Situation scheinbar schließen lässt. Die Beobachtung sollte so konkret, verhaltensnah und situationsbezogen wie möglich geschildert werden. Eventuell kann man auf unmittelbare wahrgenommene Folgen des beobachteten Verhaltens verweisen. Beschrieben werden zudem das ausgelöste Gefühl und eigene relevante Bedürfnisse. Die Rückmeldung schließt mit einer Bitte. Der folgende Kasten wendet die Rückmeldung nach diesen vier Schritten auf die Meetingraumsituation aus Fallbeispiel 9.1 an.

Kasten 9.1: Feedback nach den vier Schritten der Gewaltfreien Kommunikation (zu Fallbeispiel 9.1 A.)

Beobachtung: Du hast den Meetingraum am Freitagabend als Letzte benutzt. Montag früh stand dort schmutziges Geschirr, und die Tische waren im Raum verteilt. Das Whiteboard war beschriftet. Wir haben vor der Präsentation mit den Bereichsleitern eine halbe Stunde aufgeräumt und sauber gemacht.

Gefühl: Ich habe mich ziemlich geärgert, weil ... (s. Bedürfnis).

Bedürfnis: (s. Gefühl) ... ich Sicherheit brauche, die für mich daraus entsteht, vor der Präsentation noch genug Zeit zur Vorbereitung im Raum zu haben.

Bitte: Ich bitte dich, den Raum in Zukunft aufgeräumt zu hinterlassen, sodass ich ihn direkt benutzen kann. Wenn das im Ausnahmefall nicht möglich ist, informiere mich bitte rechtzeitig im Vorfeld.

Rückmeldung von anderen liefert wertvolle Information für die *Selbststeuerung*, da wir selbst schlecht einschätzen können, wie unser Verhalten wirkt, oder nicht abgesehen haben, welche Folgen unser Handeln hat. Es ist denkbar, dass die Kollegin fest vorhatte, am Montag aufzuräumen, und nicht wusste, dass der Raum bereits früh morgens wieder benötigt wird. Insofern wäre es nicht fair, sie als rücksichtslos zu bezeichnen oder beispielsweise zu unterstellen, sie glaube wohl, die Kollegen seien dazu da, hinter ihr her zu putzen.

Ebenso kann es sein, dass andere positive Verhaltensweisen an uns wahrnehmen, die uns selbst bisher nicht bemerkenswert erschienen sind oder über deren Wirkung wir unsicher waren. Auch in diesem Fall ist eine Rückmeldung über die positive Wirkung wichtig, und zwar nicht nur für unser Selbstwertgefühl, sondern auch im Sinne einer Verstärkung, sich künftig häufiger so zu verhalten. So wird sich der neue Mitarbeiter in Situation B. sicher sehr freuen, wenn ihn die Kollegen wissen lassen, dass sie seine Anregung schätzen, z. B.: „Du hast ja heute früh das mit den Protokollen vorgeschlagen. Wir haben schon so oft gesagt, dass wir unsere Meetings besser strukturieren müssten, aber es ist nie was passiert. Ich bin echt froh, dass du da Initiative gezeigt hast, die ist uns hier auf jeden Fall willkommen.“

Rosenbergs Ansatz weist viele Ähnlichkeiten zu anderen populären Kommunikationskonzepten auf, wie dem „Leader Effectiveness Training" nach Gordon (2005) oder „Miteinander Reden" von Schulz von Thun (2017), die sich in der Praxis gleichermaßen bewährt haben. Gordon sieht ebenfalls vor, Rückmeldung in Form von Ich-Botschaften zu formulieren. Ich-Botschaften bestehen aus den drei Elementen Verhalten, Gefühl und Wirkung. Der Autor vertritt die Auffassung, dass diese im Grunde in beliebiger Reihenfolge geschildert werden können, und der folgende Kasten soll dies für den Fall der Unterbrechungen im Kundengespräch (s. Fallbeispiel 9.1 C.) veranschaulichen.

Kasten 9.2: Feedback über Ich-Botschaften nach Gordon (2005) mit den Elementen Verhalten, Gefühl und Wirkung in variabler Reihenfolge (zu Fallbeispiel 9.1 C.)

Ich war auf unser gemeinsames Kundengespräch gestern gut vorbereitet, konnte meine Argumente aber nicht vollständig vorbringen. Meine Sorge ist, dass mich der Kunde jetzt als weniger kompetent wahrnimmt (Wirkung). Sie haben mich im Laufe des Termins mehrfach unterbrochen (Verhalten). Das hat mich geärgert und frustriert (Gefühl).

Ich habe mich nach unserem gemeinsamen Kundengespräch gestern geärgert und war auch ein wenig frustriert (Gefühl). Sie haben mich im Laufe des Termins mehrfach unterbrochen (Verhalten). Ich war gut vorbereitet, konnte meine Argumente aber nicht vollständig vorbringen. Meine Sorge ist, dass mich der Kunde jetzt als weniger kompetent wahrnimmt (Wirkung).

Sie haben mich im Laufe des gemeinsamen Kundengesprächs gestern mehrfach unterbrochen (Verhalten). Ich war auf den Termin gut vorbereitet, konnte meine Argumente aber nicht vollständig vorbringen. Meine Sorge ist, dass mich der Kunde jetzt als weniger kompetent wahrnimmt (Wirkung). Das hat mich geärgert und frustriert (Gefühl).

Auch hier wissen wir nicht, ob sich der Vorgesetzte seines Verhaltens bewusst war. Möglicherweise war er sich des Verhaltens bewusst, nicht aber dessen Wirkung auf den

Mitarbeiter. Im Zweifelsfall hat er vor lauter Engagement für die Sache schlicht gedankenlos gehandelt. Eine Rückmeldung bzw. ein Vorwurf wie „Sie wollten mich wohl als völlig inkompetent vorführen" würde dann verständlicherweise auf deutlichen Widerstand stoßen. Auch die Formulierung „Ich habe mich von Ihnen als völlig inkompetent vorgeführt gefühlt" ist keine Ich-Botschaft im Sinne Gordons, nur weil sie mit dem Wort „ich" beginnt, da sie eine Absicht in das Verhalten des Gegenübers hineinlegt.

> **Tipp**
>
> Erfolgreiches Feedback in vier Schritten:
> Die echte Ich-Botschaft sagt nichts über die Beziehung zwischen Sender und Empfänger aus. Sie beschränkt sich auf die folgenden vier Aspekte:
>
> 1. Die Wahrnehmung der Situation seitens des Senders (also das Gesehene, Gehörte, Gespürte, ggf. auch Gerochene oder Geschmeckte, idealerweise so, wie ein technisches Gerät es aufgezeichnet hätte; Abb. 9.1).
> 2. Die Wirkung beim Sender in Form von Gedanken, Gefühlen oder Bedürfnissen. Die Wirkung entsteht im Sender aus der eigenen Lebensgeschichte, den Erfahrungen, die der Sender zu der Wahrnehmung in diesem Kontext assoziiert (Abb. 9.2).
> 3. Dann wertet der Sender aufgrund der Wahrnehmung und Wirkung in diesem Kontext. Das heißt, erst jetzt kommt: „fand ich gut" oder „fand ich schlecht". Die Wertung wird in der Folge der Schritte gut nachvollziehbar für den Empfänger (Abb. 9.3).
> Aus der Wertung entsteht möglicherweise der
> 4. Wunsch an den Empfänger, das Verhalten vermehrt oder vermindert oder verändert zu zeigen (Abb. 9.4).

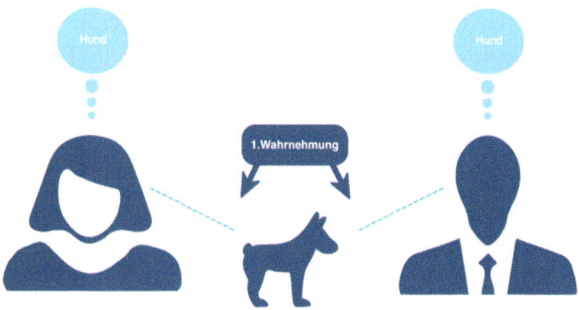

Abb. 9.1 Feedback Schritt 1: Die persönliche Wahrnehmung mitteilen

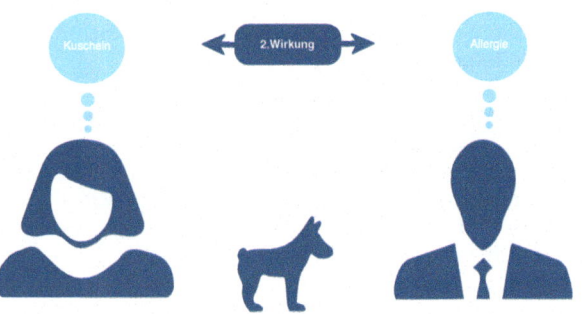

Abb. 9.2 Feedback Schritt 2: Die persönliche Wirkung des Wahrgenommenen mitteilen

Wer mit Friedemann Schulz von Thuns (2017) Vier-Seiten-Modell einer Nachricht vertraut ist, mag Parallelen erkannt haben. Schulz von Thun postuliert aufbauend auf den Arbeiten der Arbeitsgruppe um Paul Watzlawick (Watzlawick et al. 2011) sowie das wiederum teils auf die

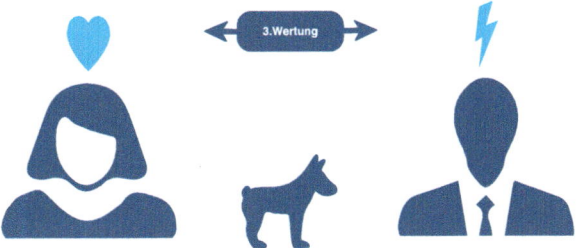

Abb. 9.3 Feedback Schritt 3: Die Wertung der Situation in diesem Kontext mitteilen

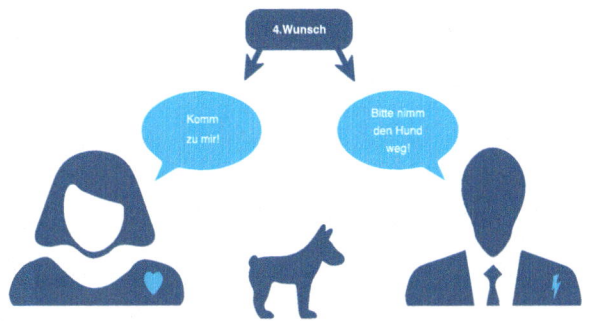

Abb. 9.4 Feedback Schritt 4: aus der Situation gefolgerte Wünsche mitteilen

antike Philosophie zurückgreifende Organon-Modell von Bühler (1934), dass jede kommunizierte Botschaft eine Sachebene, eine Beziehungsebene, eine Selbstoffenbarung und einen Appell beinhaltet.

Die Sachebene bezieht sich auf das, was an Zahlen, Daten oder Fakten mitgeteilt wird, z. B. eine *situative* konkrete Beobachtung wie „Die Handouts sind noch nicht ausgedruckt". Auf der Beziehungsebene sind hier für den Empfänger unterschiedliche Deutungen möglich, selbst wenn der Sender auf dieser Ebene gar keine Botschaft senden wollte. Watzlawick und Kollegen gehen davon aus, dass eine reine Sachbotschaft nicht möglich ist, sondern jede Nachricht immer auch Botschaften auf der Beziehungsebene enthält. Schulz von Thun differenziert diese noch weiter aus. So ist für die Handoutaussage von „Unser Verhältnis ist so vertrauensvoll, dass wir offen miteinander über diesen Missstand sprechen können" bis hin zu „Unsere Beziehung ist nicht auf Augenhöhe, ich bin in der überlegenen Position, dich für so ein Versäumnis kritisieren zu dürfen" hier einiges an Deutung möglich.

> **Wichtig**
>
> Die Botschaft jenseits der reinen Sachebene wird ganz maßgeblich durch *nonverbale* Kommunikationskanäle mitbestimmt. Hier sind *nonverbale* und *paraverbale* Signale wie Mimik, Körperhaltung, Blickkontakt und Sprechweise, Lautstärke, Tonfall, Betonung etc. entscheidend für die Wirkung. So ist einer schriftlichen reinen Textmitteilung kaum zu entnehmen, ob sie mit einem liebevoll-ironischen Augenzwinkern zu lesen ist oder nicht (was unter anderem die enorme Popularität von ergänzenden Emojis erklärt).

Schulz von Thun differenziert Watzlawicks Ebene der Beziehungsbotschaft weiter aus. Neben einer stets mitschwingenden Botschaft darüber, wie man zueinander steht, sagt der Sender auch etwas über sich. Im Vier-Seiten-Modell einer Nachricht ist dies die Ebene der Selbstoffenbarung, z. B. im Fall der Handouts „Mir ist wichtig, dass wir das bald erledigen" oder „Ich habe Sorge, dass wir es vergessen" oder auch „Ich bin hier der, der alles im Blick hat". Die vierte Seite der Nachricht, der Appell, wäre in unserem Beispiel ziemlich indirekt verpackt (z. B. „Drucke bitte so schnell wie möglich die Handouts aus!").

Ob es der Sender beabsichtigt oder nicht, sendet er stets gleichzeitig auf allen vier Ebenen (Schulz von Thun 2017). Vielleicht wollte er bewusst nur eine Beobachtung teilen (Sachebene), aber die übrigen Ebenen schwingen implizit stets mit. Hört der Empfänger in dem Moment vorrangig auf dem Beziehungs- oder Appellohr, könnte er – zur Irritation des Senders – antworten „Ich bin doch nicht dein Copy-Shop!" oder auch „Oh, natürlich, ich erledige das gleich", obwohl der Sender dies möglicherweise gar nicht wünscht. Wenn das Missverständnis nicht direkt aufgeklärt wird, können leicht Konflikte entstehen.

Einige Menschen senden aus vermeintlicher Höflichkeit oder aus Unsicherheit bevorzugt indirekte Appelle in Form von scheinbaren Sachmitteilungen (z. B. „Es ist manchmal ganz schön laut bei uns auf dem Flur") oder Selbstoffenbarungen („Ich muss mich konzentrieren"), anstatt ihren Wunsch als direkten Appell zu formulieren („Könnten Sie bitte zum Telefonieren die Tür schließen"). Andere sind auf dem Appellohr sehr hellhörig und fühlen sich vorschnell zu etwas aufgefordert, was der Sender vielleicht gerade selbst tun wollte oder was bereits von jemand Drittem erledigt wird (z. B. die Handouts drucken).

Tipp

Wenn Sie einen Wunsch äußern und den anderen zu etwas
veranlassen möchten, formulieren Sie direkte Appelle.
Diese fordern das Gegenüber klar und konkret auf, etwas
(anders) zu tun, ggf. begründet durch eine Beobachtung
auf der Sachebene und die Selbstoffenbarung eigener
Bedürfnisse. Die Beziehungsebene sollte gerade im Fall
kritischer Rückmeldung möglichst positiv sein. Um dies
sicherzustellen, ist ganz besonders Ihre Haltung wichtig,
die sich in der *nonverbalen* und *paraverbalen* Rahmung
Ihrer Botschaft ausdrückt (Blickkontakt, Tonfall etc.). Es
ist sehr hilfreich, sich selbst vorab noch einmal die eigene
Wertschätzung des Gegenübers und der Zusammenarbeit
bewusst vor Augen zu führen. Wenn Sie die zugewandte
Haltung selbst innerlich spüren, drückt sie sich auch äußer-
lich authentisch aus. So wird für den Empfänger spürbar,
dass die Rückmeldung erfolgt, gerade weil Ihnen diese
gute Zusammenarbeit und die Qualität der Beziehung
wichtig ist.

Feedback bezieht sich lediglich auf konkretes Verhalten in einer konkreten Situation – das eben ggf. im
Sinne gemeinsamer guter Arbeitsfähigkeit aus Sicht des
Feedbackgebers optimierbar ist. Die Entwicklung von
Exzellenz im Team ist nur bei einer positiven Beziehungs-
qualität zwischen den Teammitgliedern möglich. Das
heißt nicht, dass alle miteinander befreundet sein müssen.
Aufrichtige Wertschätzung und Respekt für das Wissen
und die Fähigkeiten sowie für die menschlichen Eigen-
arten der anderen sind jedoch unverzichtbar (s. auch
Kap. 11).

An dieser Stelle sei darauf hingewiesen, dass uns die
Maximen der Konkretheit, Situationsgebundenheit und

Verhaltensnähe von Feedback auch vor einer bedeutsamen Verzerrung in der sozialen Informationsverarbeitung bewahren, dem fundamentalen Attributionsfehler (Überblick s. Gawronski 2007). Dieser besteht darin, dass Menschen auf der Suche nach Ursachen und Erklärungen für das Verhalten anderer dazu neigen, die Bedeutung *situativer* Faktoren deutlich zu unterschätzen. Wir schreiben das Verhalten unserer Mitmenschen bevorzugt deren Persönlichkeit zu, attribuieren also auf überdauernde Charaktereigenschaften (z. B. Unsicherheit) und vernachlässigen den Einfluss der aktuellen Rahmenbedingungen (z. B. neu im Team zu sein, eine Präsentation vor noch unbekannten Kunden zu halten). Das hat unter anderem kognitive Gründe, da eine handelnde Person aus der Beobachterperspektive mehr Aufmerksamkeit auf sich zieht als die Situation als „Hintergrundkulisse". Weiterhin verfügt der Handelnde oft über mehr Information als der Beobachter und weiß z. B., dass er sich in der gleichen Lage auch schon ganz anders, nämlich sehr selbstsicher, verhalten hat. Unser Verhalten sowie unser Selbstbild sind sehr viel stärker kontextabhängig, als uns bewusst ist, und sogar scheinbar *triviale* Veränderungen in der räumlichen Umgebung wie Gerüche, Temperatur oder andere *sensorische* Variablen beeinflussen unser Verhalten und unsere Urteile, vermittelt über Primingprozesse, nachweislich (vgl. Ackerman et al. 2010; Bargh et al. 2012; s. auch Kap. 1).

Eine eher motivationale Erklärung für den fundamentalen Attributionsfehler lautet, dass es uns aus Beobachtersicht Vorhersagbarkeit und Verlässlichkeit suggeriert, wenn wir uns das Verhalten anderer als charakterbedingt und damit eher gleichförmig erklären. Der in unseren Basismotiven verankerte Wunsch nach Vorhersagbarkeit und damit letztlich nach Handhabbarkeit, Kompetenz und Kontrolle (vgl. Antonovsky 1979; Ryan und Deci 2000) mag in einer zunehmend unvorhersagbaren, von den *VUKA*-Faktoren geprägten *Arbeitswelt 4.0* eher stärker werden. Damit würden fundamentale Attributionsfehler unter den aktuellen Rahmenbedingungen weiter begünstigt. Es verwundert nicht, dass Konflikte entstehen, wenn sich unsere Mitmenschen und Kollegen durch eine Rückmeldung unfair beurteilt fühlen, die ihnen überdauernde Eigenschaften zuschreibt, wenn sie selbst ihr Verhalten als von konkreten Situationsfaktoren bedingt erleben. Ein klarer Fokus auf den spezifischen raumzeitlichen Kontext trägt dazu bei, solchen Konflikten vorzubeugen.

> **Wichtig**
>
> Exzellenz in Teams ist unserer Überzeugung nach nur möglich, wenn Rückmeldung konsequent ohne Verallgemeinerung („immer", „nie", „alles") auskommt und kontinuierlich, zeitnah im Prozess erfolgt. Dies hilft in der direkten Kommunikation, da konkrete und zeitnahe Rückmeldung für den Feedbackempfänger besser nachvollziehbar und so leichter anzunehmen ist. Es hilft zweitens auf *Performance*ebene, weil konkrete und zeitnahe Rückmeldung eine direkte Verhaltensänderung möglich macht. Das Verhalten wiederholt und verfestigt sich nicht. Ein *situativer* Fokus trägt drittens dazu bei, der tatsächlichen enormen Kontextabhängigkeit und Variabilität menschlichen Verhaltens gerecht zu werden und den fundamentalen Attributionsfehler zu vermeiden. So wird auch der Verfestigung eines ungünstigen Bildes vom Gegenüber (z. B.

als „faul", „arrogant" oder „rücksichtslos") vorgebeugt und eine authentisch positive Grundhaltung bewahrt.

Feedback sollte idealerweise unter vier Augen geäußert werden, in jedem Fall aber in einer geschützten Atmosphäre, in der Offenheit möglich ist. Im Fall von kritischer Rückmeldung ist es sehr hilfreich, wenn der Feedbackgeber im Vorfeld auch widrige Umstände oder seinen eigenen Beitrag zur Situation reflektiert hat, diesen offen benennt und sich bereiterklärt, entsprechend an Veränderungen mitzuwirken. Auch eine vor Dritten geäußerte betont positive Rückmeldung kann je nach Kontext für den Empfänger unangenehm sein und z. B. Neid oder Missgunst wecken.

Wir sind in den bisherigen Ausführungen stärker auf Feedback im Sinne von kritischem Feedback eingegangen. Das hat damit zu tun, dass dies den meisten Menschen schwerer fällt und die größere kommunikative Herausforderung darstellt. Kontinuierliches Feedback für Exzellenz umfasst ebenso maßgeblich positives Feedback. Auch dieses sollte zeitnah und konkret erfolgen. Die Führungs*maxime* „nicht geschimpft ist genug gelobt" darf als veraltet gelten. Aus der Lern- und Verhaltensforschung ist hinlänglich bekannt, dass positive Verstärkung deutlich effektiver ist als Bestrafung, wenn es darum geht, Verhaltensänderungen zu bewirken. Positive Rückmeldung hat erwiesenermaßen weitreichende förderliche Effekte auf das Klima in und die *Performance* von Teams (s. Kap. 11). Hierbei mögen auch die bereits in Kap. 3 beschriebenen kognitiven Effekte (Priming, Verfügbarkeitsheuristik) eine Rolle spielen, sodass das Formulieren positiver Äußerungen über die Kollegen den Aufmerksamkeitsfokus und die mentale Repräsentation so verändert, dass eine echte positive Grundhaltung weiter gefördert wird.

Ebenso wie im Rahmen teamorientierter Delegation (Kap. 8) sind auch im Zusammenhang mit Rückmeldung offene Fragen ein wertvolles Kommunikationsmittel. Diese können entweder zu Beginn des Gesprächs gestellt werden („Ich würde gern noch einmal mit Ihnen über unseren gemeinsamen Kundentermin gestern reden. Wie ist das Gespräch aus Ihrer Sicht verlaufen?"), oder aber bevor man eine Bitte vorbringt. So wird anstelle einseitigen Feedbacks ein Dialog angeregt. Wie der andere selbst sein Verhalten wahrnimmt und wie es ggf. aus seiner Sicht dazu gekommen ist, ermöglicht uns mit hoher Wahrscheinlichkeit, eine neue Perspektive auf und mehr Verständnis für sein Verhalten zu gewinnen. Es geht dabei nicht um eine Ursachenanalyse, sondern darum, zu erfahren, wie er die Situation erlebt hat oder welche Optimierungsideen er für die die Situation hat (s. Methode Lösungsfokussierung Kap. 7).

Einmal angenommen, Sie haben deutlich gemacht, dass Sie sich eine Veränderung wünschen. In welcher Weise diese erfolgt, ist nicht wirklich Ihre Angelegenheit. Selbst entwickelte Veränderungsansätze sind wesentlich verbindlicher und nachhaltiger als alles, was man von außen vorschlagen könnte. Wenn Sie das Entwickeln möglicher Lösungen Ihrem Gegenüber überlassen, kommunizieren Sie außerdem, dass Sie ihm selbstverständlich zutrauen, Verantwortung für das eigene Handeln zu übernehmen und das eigene Verhalten angemessen zu ändern (vgl. Weisbach und Sonne-Neubacher 2015). Dies stellt Augenhöhe her. Oft ergeben sich aus dem Austausch über die

Wahrnehmungen ohnehin bereits praktikable Ideen für eine mögliche Lösung, ansonsten fragen Sie danach. Bitte vermeiden Sie Formulierungen wie „Warum haben Sie das getan?" oder gar „Wieso bist du so …?", die eine Absicht oder überdauernde Eigenschaften unterstellen. Bedenken Sie insgesamt, dass es sein kann, dass dem anderen bei allem Verständnis für Ihre Rückmeldung eine Verhaltensänderung schwerfällt oder gar unmöglich ist.

Anregungen für hilfreiche offene Fragen im Kontext von Rückmeldung finden Sie in Kasten 9.3.

Kasten 9.3: Anregungen für offene Fragen im dialogisches Feedback

Wie haben Sie die Situation erlebt?
Wie stellt sich das aus Ihrer Perspektive dar?
Welche kleinen Veränderungen würden Ihnen leichtfallen?
Mir wäre wirklich wichtig, dass sich das ändert. Ich frage mich, wie ich mit meinem Verhalten unterstützen könnte, dass Ihnen die Änderung leichter fällt. Und was können Sie dazu beitragen?
Welche ähnliche Situation fällt uns ein, in der es aus beiden Perspektiven besser funktioniert hat? Wie haben wir das ermöglicht?
Welche Ideen haben Sie, wie wir hier zu einer guten Lösung finden?
Wie stellen Sie sich unsere gute Zusammenarbeit beim nächsten Mal vor?

Kommen wir abschließend noch einmal kurz auf Karin und Falk aus unserem Fallbeispiel 8.1 zurück. Hier haben wir eine komplexere Situation vorliegen als in den obigen Beispielen 9.1. Die Prinzipien guter Rückmeldung sind gleichermaßen anwendbar. Falk entscheidet sich, noch einmal mit Karin zu sprechen, weil Frust und Ärger seine Arbeitsfähigkeit spürbar einschränken und die Stimmung zwischen ihnen so nicht bleiben kann. Karin sieht das ähnlich und hätte ihn zeitnah selbst um ein Gespräch gebeten. Sie vereinbaren einen Termin für den nächsten Morgen um 10:00 Uhr in Karins Büro und nehmen sich beide eine Stunde Zeit dafür. Die Rückmeldung erfolgt also unter vier Augen und – zumindest bezogen auf die letzte Begegnung zwischen den beiden – kurzfristig. Wenn Falk und Karin den ausgeführten Empfehlungen folgen, könnte sich in etwa folgender Dialog ergeben:

Fallbeispiel 9.2 (Fortsetzung von Fallbeispiel 8.1)

Falk: „Ich wollte nochmal mit dir darüber sprechen, wie ich das mit den Übungsblättern für die neue Seminarreihe erlebt habe. Du hattest mich gebeten, Teilnehmerübungen dafür zusammenzustellen. Ich wusste nicht, wer die Zielgruppe ist und in welchen Bereich die Module gehören, die da geplant sind. Als ich dazu Fragen stellen wollte, hattest du keine Zeit und hast sinngemäß gesagt, das stehe noch nicht so genau fest, ich soll doch einfach erstmal machen. Ich habe dann sechs Wochen lang Unterlagen gesichtet und ausgewählt und dir rechtzeitig zum versprochenen Zeitpunkt ein großes Paket geliefert. Alles, was du dazu gesagt hast, war, dass es für die Tonne sei. Darüber habe ich mich echt geärgert. Wenn ich dich unterstütze, wünsche ich mir ein Dankeschön."

Karin: „Tut mir leid, das war wirklich nicht in Ordnung. Es stimmt ja auch nicht, natürlich können wir das verwenden. Aber es muss noch viel nachgebessert werden, sprachlich und auch das Layout. Das wird noch eine Menge Arbeit!"

Falk: „Das hat mich ja so geärgert, dass das offenbar doch irgendwann klar war, also Zielgruppe und Bereich, du es mir aber nicht gesagt hast. Ich wünsche mir für das nächste Mal auf jeden Fall, dass du mir alle Infos weitergibst, sobald sie dir vorliegen. Und ich wünsche mir auch, dass du dir Zeit nimmst, in Ruhe mit mir zu sprechen, wenn ich konkrete Fragen habe."

Karin: „Ja, auch da hast du recht. Ich war ziemlich gestresst wegen der Sache, da hast du mich ein paar Mal im falschen Moment erwischt. Natürlich wäre es wichtig gewesen, das zu klären. Mein Wunsch wäre: Bitte frag mich doch beim nächsten Mal direkt nach einem kurzen Termin oder schreib mir eine E-Mail, statt mich auf dem Flur anzusprechen."

Falk: „Ja das werde ich tun. Ich glaube, es lohnt sich, wenn wir uns die Zeit dafür nehmen, wenn man mal überlegt, was jetzt an Nachbesserungen dazu kommt. Apropos, wollen wir jetzt noch drüber sprechen, wie wir das am besten machen?" ...

Am Fall von Karin und Falk wird deutlich, dass die Regeln guter Rückmeldung ebenso gut im Kontext von Delegation und Übergabe von Aufgaben anwendbar sind. Sie tragen dazu bei, die eigene Sicht deutlich zu machen, ohne das Gegenüber anzugreifen. So kann eine gemeinsame Orientierung hin zu lösungsorientierter Problemhandhabung und einer besseren künftigen Herangehensweise entstehen, weil die dafür nötige Energie nicht in Angriff und Verteidigung und daraus eskalierenden Konflikten verloren geht.

Fazit

Klares Feedback an Kollegen, Mitarbeiter, externe Dienstleister und Führungskräfte hilft, eigene Grenzen und
Bedürfnisse zu wahren, Unsicherheit zu reduzieren, Potenziale optimal zu nutzen und Stresserleben im Arbeitskontext zu senken. Feedback liefert wertvolle Information
darüber, wie man auf andere wirkt. Der Ansatz der Gewaltfreien Kommunikation, Ich-Botschaften nach Gordon sowie
das Kommunikationsmodell nach Schulz von Thun stellen Instrumente zur Verfügung, die das Konfliktpotenzial
kritischer Rückmeldung minimieren und ein respekt-
volles Miteinander auch in herausfordernden Situationen möglich machen. Exzellenz in Teams erfordert eine
hohe Transparenz der wechselseitigen Erwartungen und
kontinuierliches Feedback. Zeitnahe und konkrete Rückmeldung verhindert, dass in einer konkreten Situation als
ungünstig erlebtes Verhalten zur Gewohnheit des Handelnden wird oder dass sich die Wahrnehmungen von außen in
Eigenschaftszuschreibungen verfestigen. Erfolgt Feedback
mit offenen Fragen im Dialog, hilft dies, Lösungen zu entwickeln, Vertrauen zu vertiefen und künftige positive Inter-
aktionen zu fördern.

Literatur

Ackerman, J. M., Nocera, C. C., & Bargh, J. A. (2010). Inci-
dental haptic sensations influence social judgments and deci-
sions. *Science, 328*(5986), 1712–1715.

Antonovsky, A. (1979). *Health, Stress and Coping*. San Fran-
cisco: Jossey Bass.

Bargh, J. A., Schwader, K. L., Hailey, S. E., Dyer, R. L., & Boothby, E. J. (2012). Automaticity in social-cognitive processes. *Trends in Cognitive Sciences, 16*(12), 593–605.

Bühler, K. (1934). *Sprachtheorie.* Jena: Fischer.

Gawronski, B. (2007). Fundamental attribution error. In R. F. Baumeister, & K. D. Vohs (Hrsg.), *Encyclopedia of Social Psychology* (S. 367–369). Thousand Oaks, CA: Sage.

Gordon, T. (2005). *Managerkonferenz. Effektives Führungstraining.* München: Heyne.

Rosenberg, M. B. (2013). *Gewaltfreie Kommunikation: Eine Sprache des Lebens* (9. Aufl.). Paderborn: Junfermann.

Ryan, R. M., & Deci, E. L. (2000). Self-determination theory and the facilitation of intrinsic motivation, social development, and well-being. *American Psychologist, 55*(1), 68–78.

Schulz von Thun, F. (2017). *Miteinander reden 1. Störungen und Klärungen. Allgemeine Psychologie der Kommunikation.* (26. Aufl.). Reinbek: rororo.

Watzlawick, P., Beavin, J. H., & Jackson, D. D. (2011). *Menschliche Kommunikation. Formen, Störungen, Paradoxien* (12. Aufl.). Göttingen: Hogrefe.

Weisbach, C.-R., & Sonne-Neubacher, P. (2015). *Professionelle Gesprächsführung. Ein praxisnahes Lese- und Übungsbuch* (9. Aufl.). München: dtv.

Teil IV

Agile Klarheit in Systemen

10

Klarheit aus-handeln: Formationen im Fluss

Man kann nicht zweimal in denselben Fluss steigen, denn andere
Wasser strömen nach.
(Heraklit)

Bezieht man auf der *Makroebene* den größeren Kontext
mit ein, in dem sich der Einzelne und sein direktes Gegenüber, jeder für sich und in ihrem Dialog, bewegen, steigt
die Komplexität weiter. Zugleich werden die Dinge einfacher, wenn die hier empfohlene Kommunikationskultur
konsequent gelebt wird. Wir wollen uns in diesem Kapitel
zum Einstieg in den vierten und letzten Teil dieses Buches
mit den folgenden Fragen befassen:

© Springer-Verlag GmbH Deutschland, ein Teil von Springer
Nature 2019
K. Mierke und E. van Amern, *Klare Ziele, klare Grenzen,*
https://doi.org/10.1007/978-3-662-56826-2_10

Fragen

Welche Herausforderungen entstehen durch *Erwartungserwartungen* und *Interdependenz* in Systemen?
Was bedeuten klare Ziele, klare Grenzen und Flexibilität in Zeiten permanenten Wandels in der Arbeitswelt?
Welcher Schaden entsteht, wenn man seine Grenzen ignoriert und z. B. trotz Krankheit zur Arbeit geht *(Präsentismus)?*
Welche Chancen ergeben sich systemisch betrachtet für eine zeitgemäße Kommunikationskultur auf den drei Ebenen des in Kap. 3 beschriebenen Modells gesunder Klarheit für Sicherheit und Entwicklung in Organisationen?

Es ist also komplex und zugleich einfach. Wie das? Komplex ist es, weil unzählige Kombinationen aus eigenen Erwartungen an sich selbst und den vielfältigen Erwartungen des direkten Gegenübers und der zahllosen anderen um einen herum auf jede Situation einwirken. Darunter sind Überzeugungen und Erwartungen, die sich aus *Normen,* Rollenkonstellationen oder Statusunterschieden ergeben (z. B. wer „darf" an wen delegieren, wer „darf" wem wie Rückmeldung geben). Solche Aspekte von Organisationskultur sind oft tradiert und veraltet und beeinflussen das Miteinander in Organisationen stark, zumal sie meist unausgesprochen bleiben (Schein 1993). In einer Kultur kooperativer Leistungsorientierung, in der das gemeinsame Gestalten und der gemeinsame Erfolg einen höheren Wert hat als hierarchische Unterschiede oder die Profilierung Einzelner, kann offen benannt und immer wieder nachjustiert werden, was alle Beteiligten brauchen, um gut miteinander arbeiten zu können.

Andernfalls können verdeckte wechselseitige Erwartungen und scheinbare Kommunikationstabus eine ungute Eigendynamik entfalten und zum mentalen Energiefresser werden, wie das nachfolgende Beispiel veranschaulichen soll.

Fallbeispiel 10.1

Susanne ist Assistentin ihrer Abteilungsleiterin. Sie hat hohe Ansprüche an sich selbst, was die Qualität und Geschwindigkeit ihrer Arbeit angeht, und fast immer gelingt es ihr auch, diesen Ansprüchen gerecht zu werden. Ihre Chefin Anouk schätzt es sehr, dass Susanne nur selten mit Rückfragen zu ihr kommt, sondern selbstständig Prioritäten setzt und auch manchmal Punkte entscheidet – und Susanne weiß das. Wenn es also ab und zu passiert, dass Susanne sich in einer Sache nicht ganz sicher ist, geht sie eher zu Lars als zu Anouk. Lars ist nett, und Lars sitzt als alter Hase mit in allen Meetings. Deswegen hat er einen guten Überblick darüber, worauf es wirklich ankommt, und weiß, wer wofür Entscheidungsträger ist. So schafft Susanne es, auch Unterlagen zusammenzustellen und Aufgaben gut zu erledigen, zu denen ihr Anouk eigentlich viel zu wenig Hintergrundinfos gegeben hat. Anouk möchte Susanne gern noch mehr Verantwortung übertragen. In Kanada, wo sie herkommt und bis vor Kurzem gearbeitet hat, ist die Machtdistanz zwischen Vorgesetzten und Mitarbeitern deutlich geringer (Hofstede 1980). Susanne wiederum war es bislang – in guter deutscher Konzerntradition – gewohnt, von Führungskräften klare Anweisungen zu bekommen. Ihr schmeichelt es zwar, dass Anouk sie fast wie auf Augenhöhe behandelt, aber es macht ihr auch Angst, weil sie fürchtet, Anouks Erwartungen nicht gerecht werden zu können. Lars wirkte beim letzten Mal auch irgendwie ungeduldig. Oder hat sie sich das nur eingebildet? Dazukommt, dass die Assistentin aus der benachbarten Abteilung das Ganze zu beobachten scheint und immer öfter spitze Bemerkungen macht, über ihren „Aufstieg", über sie und Lars … Susanne ist hin- und hergerissen, sie will wirklich nur ihren Job gut machen und es sich mit niemandem verderben. Sie braucht Zugriff auf die Meetingprotokolle, mehr Hintergrundwissen zu den ganzen Entscheidungsprozessen im Unternehmen und regelmäßigen Einblick in die Korrespondenz mit der Niederlassung in Montreal. Zum Glück kann sie so gut Französisch. Anouk ahnt nichts von Susannes Problem. Sie scheint davon auszugehen, dass Susanne sehr erfahren und gut in der Materie ist und ist froh, so eine kompetente Mitarbeiterin zu haben, der sie auch Zuarbeit für internationale Projekte anvertrauen kann.

Die Komplexität in Susannes Dilemma würde weiter steigen, wenn wir miteinbeziehen, was Lars denkt – und was Susanne denkt, was Lars über sie denkt, weiterhin vielleicht, welche Erwartungen der Azubi hat, den Susanne anleitet, oder mit wem die Assistentin aus der benachbarten Abteilung schon alles in der Kaffeeküche ihre „Beobachtungen" geteilt hat, und so fort (vgl. Luhmanns *Erwartungserwartungen* 1984; s. auch Kap. 2; Abb. 10.1). Je weiter wir „herauszoomen" und das Individuum und

Abb. 10.1 Unausgesprochene Fragen und Erwartungen fördern Unsicherheit

sein direktes Gegenüber im sozialen Systemkontext betrachten, desto vielschichtiger und komplexer wird es. Die Mitglieder einer Organisation sind in ihrem Handeln hochgradig miteinander vernetzt und inter-dependent. Durch diese gegenseitige Abhängigkeit wirkt sich jedes Verhalten – und jeder Verzicht auf Verhalten – in irgendeiner Form auf den Rest des Systems aus und kann Spekulationen, dynamische Kettenreaktionen und Wechselwirkungen nach sich ziehen, die kaum vorhersag-bar sind.

Zugleich wird es auch wieder einfach, und zwar dann, wenn Klarheit und Offenheit in der Kommunikation wirklich für alle Akteure in einem Team oder einer Orga-nisation handlungsleitend sind. Dann entfallen zeit- und nervenraubende Spekulationen darüber, wer was ins-geheim über wen denkt, wer was eigentlich noch von wem erwartet, warum jemand ungeduldig wird, bestimmte Aufgaben hintanstellt oder den Kollegen hinzuzieht. All das ist dann offen ausgesprochen und für alle Beteiligten transparent (Abb. 10.2).

Abb. 10.2 Über Erwartungen zu kommunizieren ermöglicht Klarheit und Sicherheit

Wenn dabei sichtbar werden sollte, dass es in einer konkreten Konstellation widersprüchliche Erwartungen oder implizite kulturelle *Normen* gibt, gut. Nur wenn dies erkannt ist, kann verhandelt werden, z. B. darüber, was dennoch gemeinsam möglich ist und wie eine praktikable und für alle akzeptable Lösung aussehen kann (z. B. mithilfe der Harvard-Methode; Kap. 11).

Sind Standpunkte und Erwartungen zu einem gegebenen Zeitpunkt nachvollziehbar, reduziert sich Unsicherheit deutlich. Im Idealfall kommen selbstverstärkende Prozesse in Gang: Offenheit schafft Vertrauen, und Vertrauen fördert wiederum künftige Offenheit. Beides hängt eng mit wahrgenommener organisationaler Gerechtigkeit zusammen (z. B. Mayer et al. 1995; Shockley et al. 2000): Vertrauen ist nur möglich, wenn es in der Organisation grundsätzlich prozedural und interaktional gerecht zugeht, z. B. Entscheidungen über Beförderungen, *Gratifikationen* oder notwendige Stellenkürzungen in nachvollziehbarer Weise fallen und zeitnah transparent und respektvoll kommuniziert werden. Wer Vertrauen in die Kollegen, die Führungskraft und das System haben kann, hat keine Angst, dass es gegen ihn verwendet wird, wenn er ein begründetes Nein äußert oder kritisches Feedback gibt. Und je klarer jeder Einzelne seine eigenen Möglichkeiten und Grenzen und seine Erwartungen an die anderen in einer gegebenen Situation kommuniziert, desto transparenter wird die Situation für alle Beteiligten. Damit entsteht in Summe neue Flexibilität im System.

Wichtig

Es geht bei der klaren Findung und Kommunikation von Möglichkeiten und Grenzen nicht darum, einen umfassenden Plan festzulegen, der unter allen Umständen und für alle Zeiten gilt. Bei aller Klarheit in der individuellen Orientierung und in der Kommunikation miteinander ist es stets eine Momentaufnahme: unter den gegebenen Rahmenbedingungen von Zeit, Raum, Kontext und beteiligten Personen. Ziele, Anforderungen, Konstellationen im Team ändern sich schnell, Märkte und Kontexte (z. B. Gesetzeslagen) ändern sich schnell. Will eine Organisation im Darwin'schen Wortsinne „fit", also gut an ihre Umwelt angepasst bleiben, muss sie lokal flexibel reagieren können. Dazu gehört Mut zum Ausprobieren und die iterative Berücksichtigung direkten Feedbacks, vergleichbar genetischer Variationen in der Evolution oder dem Vorgehen im agilen Softwareprojektmanagement nach der SCRUM-Methode (Schwaber 2007). Neuere Grundlagenforschung aus der Psychologie wie der Neurobiologie zeigt, dass eine hohe lokale Variabilität mit langfristiger Stabilität und Robustheit von Systemen einhergeht (Kap. 12).

Grundlage für Flexibilität und Verhandlungsbereitschaft aller ist, dass die Arbeitsverdichtung pro Mensch limitiert ist. Aufgabenfelder können sich stetig verändern, aber nicht stetig wachsen. Konkret heißt dies, wenn ich bereitwillig ein neues Projekt oder auch nur eine ein bis zwei Tage dauernde Aufgabe übernehme, muss ich dafür (temporär) etwas anderes abgeben dürfen. Das kann sein, dass sich die Priorität oder der Termin für andere Aufgaben verschiebt, sodass Spielraum entsteht. Alternativ kann Entlastung dadurch erfolgen, dass diese anderen Aufgaben insgesamt von anderen Teammitgliedern übernommen, also delegiert werden. Zweitens ist es möglich, dass ich vorübergehend bereit bin, mehr zu leisten oder ungeliebte Aufgaben zu übernehmen, wenn danach – verbindlich und zuverlässig – eine deutlich ruhigere Phase oder angenehmere Aufgabe folgt. Dann stellt eine Ausbalancierung über die Zeit die Wahrung der Belastbarkeitsgrenzen sicher. Hier ist von allen Beteiligten eine hohe Wachsamkeit gefordert, diese Ausgleichsphasen sicherzustellen und umzusetzen. Wie häufig hört man: „Ich hatte gehofft, jetzt wird es etwas entspannter, aber da stehen schon zwei neue Projekte an, das eine dringender als das andere …" Eine dritte Form von Ausgleich ist die Kompensation durch ein höheres Gehalt oder andere *Gratifikationen* wie einen Zuwachs an *Prestige* (z. B. durch eine neue Funktionsbezeichnung), freiere Arbeitszeiten, Fortbildungen oder mehr inhaltliche *Autonomie*. Inwieweit diese dann im Gleichgewicht zum Mehr an Belastung stehen, muss jeder Einzelne vor dem Hintergrund seiner Werte (Kap. 4) für sich entscheiden.

Fallbeispiel 10.2 (Fortsetzung von Fallbeispiel 10.1)

Lars hat festgestellt, dass er einiges an Arbeitszeit damit zubringt, Susanne zu unterstützen. So gern er das tut, formal ist es nicht seine Aufgabe. Daher gerät er gelegentlich zeitlich unter Druck und wird ungeduldig, wenn er selbst viel zu tun hat. Sein Ziel ist entspannt zu helfen, die Grenze klar. Er beschließt, das offen anzusprechen, und bittet Anouk und Susanne um einen gemeinsamen Termin. Er sieht, dass er über viel Erfahrungswissen verfügt, das nirgendwo dokumentiert ist und das droht, eines Tages mit ihm die Firma zu verlassen. Gern möchte er es offiziell übernehmen, Susanne z. B. über sechs Wochen hinweg soweit auf den aktuellen Stand zu bringen und vor allem in über die Zeit gewachsene, kaum dokumentierte Prozesse einzuarbeiten. Sie könnte hierzu für die Zukunft im Intranet einen Leitfaden mit den wichtigsten Informationen anlegen und wäre anschließend in der Lage, so eigenständig zu arbeiten, wie Anouk es sich wünscht. Dazu braucht er Entlastung.

Im Meeting überlegen sie, wie viel Stunden pro Woche dafür nötig sind und was Lars dafür abgeben oder wo der Azubi ihn unterstützen kann. Sie vereinbaren feste Zeitfenster für ihre Treffen und besprechen auch, in welche Themen Susanne sich ergänzend eigenständig einlesen kann. Anouk erzählt, dass sie in der letzten Abteilungsleiterrunde bereits angeregt hat, die Position der Leitungsassistenz im internationalen Bereich deutlich aufzuwerten und auch in einer höheren Gehaltsgruppe anzusiedeln. Der Vorschlag sei sehr positiv aufgenommen worden, eine Entscheidung falle nächste Woche. In dem Fall investiert Susanne auch gern im Rahmen der sechs Wochen ein paar Stunden nach Feierabend für das Einlesen und den Leitfaden. Im nächsten Abteilungsmeeting erklärt Anouk dem Team, dass Lars und Susanne in den kommenden sechs Wochen eine Prozessdokumentation für das Intranet erstellen und auch, in welchen Aufgaben der Azubi Lars deshalb entlasten wird und künftig Ansprechpartner ist. Als diese feststeht, gibt Anouk auch die unternehmensweite Aufwertung der Assistenzpositionen für internationale Projekte bekannt. Susanne ist erleichtert, dass sie sich keine Gedanken mehr machen muss, was irgendjemand denkt. Als die Assistentin aus der Nachbarabteilung das nächste Mal in der Kaffeeküche eine Bemerkung macht, dass Lars und Susanne nun ja offenbar nur noch zusammensitzen, erklärt ihr der Azubi die Situation. Sie stutzt, entschuldigt sich und spricht anschließend ihren Vorgesetzten auf die Möglichkeiten an, sich mit ihren guten Spanischkenntnissen ebenfalls im internationalen Sektor einzubringen.

Dadurch, dass Lars die Initiative ergriffen und eine offizielle Regelung angeregt hat, muss er die Unterstützung für Susanne nicht mehr zwischen Tür und Angel erledigen, sondern kann sich Zeit dafür nehmen. Er hat nicht nur seine eigene Situation verbessert. Susanne muss keine Energie mehr an Selbstzweifel und *Erwartungserwartungen* verschwenden, sondern kann sich ganz darauf konzentrieren, sich gut einzuarbeiten und möglichst viel von Lars' wertvollem Erfahrungswissen für das Intranetdokument aufzunehmen. Der Azubi freut sich über die neuen Aufgabenfelder, und Anouk hat gelernt, dass sie nicht zu viel für selbstverständlich halten sollte, aber im Unternehmen auch etwas in Bewegung bringen kann. Lars hat mit der expliziten Aus-Handlung der Situation seine eigenen begrenzten Kapazitäten ernst genommen und zugleich maßgeblich dazu beigetragen, dass für andere Entlastung, Klarheit und neue Perspektiven entstehen.

Das Fallbeispiel mag idealtypisch scheinen, illustriert aber, was durch individuelles Handeln auf Basis von persönlichen Zielen und Grenzen in Systemen möglich wird.

Tipp

Achten Sie darauf, dass Sie für sich eine gute persönliche Balancierung zwischen Erfolgsorientierung und Selbstfürsorge herstellen. Wenn Sie neue Aufgaben oder Projekte übernehmen, prüfen und besprechen Sie mit Beteiligten, was Sie dafür abgeben oder hintenanstellen können, damit das Gesamtvolumen nicht steigt, oder welche *Gratifikation* angemessen wäre. Überlegen Sie, was Sie benötigen, um die Erledigung der wesentlichen Aufgabenfelder sicherzustellen bzw. wie dies gelingen kann. Sofern Sie selbst zu einer vorübergehenden Mehrbelastung bereit sind, setzen Sie sich eine Frist, wie lange dieser Zustand andauern kann und definieren Sie Art und Umfang der Ausgleichsphase, die folgt. Notieren Sie sich das im Kalender, damit es nicht „vergessen" wird (Kap. 6).

Ziel des Konzepts von lokaler Flexibilität ist, dass Art und Volumen von Zuständigkeiten zu einem beliebigen Zeitpunkt stets in Einklang mit den Belastungsgrenzen der Beteiligten stehen. Nur dann können Bewältigung, Reduktion und letztlich *Prävention* von Stress in einer komplex verzahnten und sich schnell wandelnden Arbeitswelt gelingen (vgl. dazu auch Poppelreuter und Mierke 2018). Dazu gehört auch der immer bedeutsamer werdende ehrenamtliche Sektor, in dem die eigene Bereitschaft zur Überlastung meist besonders hoch ist.

Tipp

Machen Sie sich immer wieder bewusst, dass Sie niemandem einen Gefallen tun, wenn Sie zulassen, dass Ihre eigenen Belastungsgrenzen überschritten werden. Kurzfristig mag uns das in unserer von protestantischer Arbeitsethik geprägten Kultur (z. B. Furnham 1984) Anerkennung einbringen. Mittel- und langfristig erleiden die Kollegen, Vorgesetzten, Kunden, Geschäftspartner, Schüler, Patienten und alle, mit denen Sie in Kontakt sind, mehr Nachteile, wenn Sie aufgrund von Überlastung dauerhaft gereizt sind, Fehler machen oder krank werden und am Ende längere Zeit komplett ausfallen. Allein diese grundsätzliche Erkenntnis kann es Ihnen leichter machen, sich in einer konkreten Situation klar abzugrenzen, ohne schlechtes Gewissen und ohne Angst vor Gesichtsverlust.

Umgekehrt sollte es ein übergeordneter humanistischer Wert und zudem ganz pragmatisch im Interesse des Systems Organisation sein, die gesunde Leistungsfähigkeit jedes Einzelnen zu erhalten. Wir sind alle aufgerufen, nicht nur eigene Grenzen zu erkennen, ernst zu nehmen und klar aufzuzeigen, sondern auch die Grenzen unserer Kollegen, Mitarbeiter und eventuellen Zulieferer oder Dienstleister wahrzunehmen, zu respektieren und ggf. zurückzumelden, also als Team gut aufeinander aufzupassen. Und ganz pragmatisch: Wenn diese anderen überlastet sind, Fehler machen oder ganz ausfallen, haben wiederum wir ernsthafte Probleme.

Gerade bei hoher Arbeitsbelastung ist es nicht wünschenswert, sich trotz ernsthafter Erkrankung zur Arbeit oder zu einer ehrenamtlichen Tätigkeit zu schleppen. Aufgrund von herabgesetztem Konzentrationsvermögen kann es zu schweren Unfällen (z. B. auf dem Bau oder im Handwerk) oder Fehlentscheidungen (z. B. in leitenden Funktionen) kommen. Im Fall einer Virusinfektion wie Grippe oder Magen-Darm-Infekt riskiert man, die Kollegen anzustecken und eine Krankheitswelle im Betrieb auszulösen. Jeder zweite Befragte gab im Rahmen einer Studie des Deutschen Gewerkschaftsbundes DGB (2016) an, im vergangenen Jahr mindestens einmal zur Arbeit erschienen zu sein, obwohl er sich ernsthaft krank gefühlt habe, und dies dann im Schnitt insgesamt sieben Tage. Auch hierbei ist nicht nur der Schaden für die Gesundheit jedes Einzelnen zu berücksichtigen, sondern eben – ähnlich wie bei chronischer Überlastung – auch der Schaden für das gesamte System, Klienten, Patienten oder Zulieferer eingeschlossen. *Präsentismus* verursacht jährlich enorme wirtschaftliche Kosten (z. B. Steinke und Lampe 2017). Vielfach sind es gerade eine hohe Identifikation mit der Organisation, ein hohes Pflichtgefühl gegenüber den Arbeitsaufgaben oder gegenüber den Kollegen, die abhängig Beschäftigte motivieren, trotz Erkrankung zur

Arbeit zu gehen (Bach und Mierke 2018; Caverley et al. 2007; Johansen et al. 2014). Dass damit mittel- und langfristig mehr Schaden als Nutzen entsteht, muss ins Bewusstsein jedes einzelnen Teammitgliedes sowie der Führungskräfte – als besondere Vorbilder – rücken. Wenn alle einander immer wieder gegenseitig darauf hinweisen, dass das Team mehr davon hat, wenn sich kranke Kollegen erst auskurieren und überlastete Kollegen Grenzen setzen, werden zur Erholung notwendige Auszeiten sozial legitimiert und der Erhalt gesunder Leistungsfähigkeit wird zum gemeinsamen Wert in der Organisation.

> **Wichtig**
>
> Gemeinsame Erfolgsorientierung einerseits und individuelle Selbstfürsorge andererseits stehen keineswegs im Widerspruch zueinander, im Gegenteil: Individuelle Selbstfürsorge ermöglicht den Erhalt gesunder Leistungsfähigkeit, ohne die gemeinsamer Erfolg nicht möglich ist.

Dies ist der leitende Gedanke des in Kap. 3 vorgestellten Drei-Ebenen-Modells gesunder Klarheit (Abb. 3.1): Klarheit innerhalb der Person, Klarheit in der direkten Kommunikation zwischen Individuen, und Klarheit im System greifen dynamisch ineinander und fördern sich so rückkoppelnd wechselseitig: Eine Unternehmenskultur, die den Erhalt gesunder Leistungsfähigkeit ihrer Mitglieder als hohen gemeinsamen Wert anerkennt, ermöglicht es diesen, in der direkten Kommunikation miteinander klare Möglichkeiten, Grenzen und Erwartungen zu äußern und die Möglichkeiten, Grenzen und Erwartungen der anderen zu akzeptieren. Akzeptanz und Respekt auf dieser mittleren Ebene machen es dem Individuum bereits in der inneren Klärung leichter, in einer konkreten Situation persönliche Ziele und Prioritäten zu setzen, ohne soziale *Sanktionen* fürchten zu müssen, einmal angenommen, diese Ziele stehen grundsätzlich in Einklang mit denen des Teams oder der Organisation. Umgekehrt betrachtet trägt jedes individuelle Mitglied eines sozialen Systems, das eine solche Kultur für sich authentisch und konsequent lebt, im Kontakt und Dialog mit anderen (z. B. als direktes Vorbild) ebenso sowie auf *Makroebene* (z. B. im Sinne deskriptiver *Normen;* Cialdini 2007) wiederum zur Stärkung dieser Kultur bei. So fördern und verstärken sich konstituierende Elemente und Kontextsystem wechselseitig aus beiden Wirkrichtungen, und es entsteht ein Klima von Sicherheit und Entwicklung, das gesunde Leistungsfähigkeit auf allen Ebenen ermöglicht.

Fazit

Eine sich ständig verändernde, eine *volatile,* unsichere, komplexe und ambige (*VUKA-*)Welt verlangt von Organisationen und deren Mitgliedern ein hohes Maß an *Agilität* und Flexibilität. Insofern kann Klarheit von Zielen und Grenzen immer nur für den Moment existieren. Orientierung aufrechtzuerhalten verlangt auch im Teambildungsprozess ein fortlaufend neues Aus-Handeln. Werkzeuge, die neben den bereits besprochenen Kommunikationsansätzen hierbei hilfreich sein können, erläutern wir im nächsten Kapitel. Mit dem vorgeschlagenen Drei-Ebenen-Modell gesunder Klarheit für Sicherheit und Entwicklung in Organisationen scheint uns dynamische Stabilität möglich: Eine von den oberen Führungsebenen konsequent gewollte und gelebte Wertekultur aus verantwortlicher Selbstfürsorge und gemeinsamer Erfolgs-orientierung auf *Makroebene* stellt einen sicheren Rahmen für offene und respektvolle Kommunikation im direkten Miteinander zur Verfügung. Diese erleichtert es dem Einzelnen, klare Ziele und Grenzen (z. B. auch im Fall von Krankheit) zu finden und damit gesunde Leistungsfähigkeit aufrechtzuerhalten. Umgekehrt wird Wertekultur in Organisationen von innen heraus durch jedes einzelne Mitglied geprägt, sodass jeder eine persönliche Mitverantwortung dafür trägt, diese vorzuleben und zu fördern – beispielsweise auch die Initiative für klärende Gespräche zu ergreifen. Dies geschieht im eigenen Interesse wie im Interesse der Kollegen, denen man so zu mehr Transparenz, wahrgenommener Gerechtigkeit und einer gesunden Balance zwischen Selbstfürsorge und Erfolgsorientierung verhelfen kann.

Literatur

Bach, A. C. & Mierke, K. (2018). Entwicklung und Validierung einer Skala zur Erfassung von Motiven für Präsentismus am Arbeitsplatz (SEMPA). *Wirtschaftspsychologie, 18*(2), 89–101.

Caverley, N., Cunningham, J. B., & MacGregor, J. N. (2007). Sickness presenteeism, sickness absenteeism, and health following restructuring in a public service organization. *Journal of Management Studies, 44*(2), 304–319.

Cialdini, R. B. (2007). Descriptive social norms as underappreciated sources of social control. *Psychometrika, 72*(2), 263–268.

DGB-Index Gute Arbeit (2016). *Arbeiten trotz Krankheit. Wie verbreitet ist Präsentismus in Deutschland?* [www-Dokument]. Verfügbar unter: http://index-gute-arbeit.dgb. de/++co++b124ac3a-eb5c-11e5-9482-52540023ef1a (abgerufen am 6.9.2017).

Furnham, A. (1984). The Protestant work ethic: A review of the psychological literature. *European Journal of Social Psychology, 14*(1), 87–104.

Hofstede, G. (1980). Culture and organizations. *International Studies of Management & Organization, 10*(4), 15–41.

Johansen, V., Aronsson, G., & Marklund, S. (2014). Positive and negative reasons for sickness presenteeism in Norway and Sweden: a cross-sectional survey. *BMJ open, 4*(2), e004123. [www-Dokument]. Verfügbar unter https://doi.org/10.1136/bmjopen-2013-004123. (abgerufen am 6.9.2017).

Luhmann, N. (1984). *Soziale Systeme.* Frankfurt: Suhrkamp.

Mayer, R. C., Davis, J. H., & Schoorman, F. D. (1995). An integrative model of organizational trust. *Academy of Management Review, 20*(3), 709–734.

Poppelreuter, S., & Mierke, K. (2018). *Psychische Belastungen in der Arbeitswelt 4.0. Entstehung – Vorbeugung – Maßnahmen.* Berlin: ESV.

Schein, E. H. (1993). On dialogue, culture, and organizational learning. *Organizational Dynamics, 22*(2), 40–51.

Schwaber, K. (2007). *Agiles Projektmanagement mit SCRUM.* Unterschleißheim: Microsoft Press Deutschland.

Shockley-Zalabak, P., Ellis, K., & Winograd, G. (2000). Organizational trust: What it means, why it matters. *Organization Development Journal, 18*(4), 35–48.

Steinke, M., & Lampe, D. (2017). Präsentismus: Zum Zusammenhang von Gesundheit und Produktivität. In B. Badura (Hrsg.), *Arbeit und Gesundheit im 21. Jahrhundert* (S. 127–151). Berlin, Heidelberg: Springer Gabler.

11

Spannung, Vielfalt und Entwicklung in Systemen

Die allgemeine Meinung ist nicht immer die wahrste.
(Giordano Bruno)

Handelt man Grenzen und Aufgabenfelder fortlaufend agil neu aus, entstehen immer wieder Spannung und Konfliktpotenzial. Menschen haben einen unterschiedlichen Blick auf gegenwärtige und künftige Möglichkeiten, und alle haben gute Gründe für ihre Position. Eine schnelle Lösung durch Abstimmung per Mehrheitsentscheidung liefert nicht immer das beste Ergebnis und hinterlässt Unzufriedenheit bei den Überstimmten. Fortschritt und neue Erkenntnisse wurden in der Geschichte der Menschheit häufig von Minderheiten angeregt, die zunächst auf viel Skepsis und Widerstand seitens der

© Springer-Verlag GmbH Deutschland, ein Teil von Springer Nature 2019
K. Mierke und E. van Amern, *Klare Ziele, klare Grenzen*,
https://doi.org/10.1007/978-3-662-56826-2_11

herrschenden Mehrheit gestoßen sind und sich nur durch Beharrlichkeit und konsistente, qualitativ hochwertige Argumente durchsetzen konnten (Moscovici 1980). Konfliktspannung ist Energie, macht Unterschiedlichkeit sichtbar und öffnet neue Räume für Fortschritt und Entwicklung. Dieses vorletzte Kapitel widmet unter anderem den folgenden Fragen:

> **Fragen**
>
> Was sind typische Entwicklungsphasen von Teams und Systemen?
> Welchen Wert haben Spannungen und Konflikte im Team?
> Was empfiehlt die Harvard-Methode erfolgreichen Verhandelns für solche Situationen?
> Wie kann man neue Perspektiven fördern und diese gemeinsam kreativ zu nutzen?
> Welche Chancen bergen Vielfalt und Diversität in Organisationen?

In der personal- und organisationspsychologischen Literatur wie in der Consultingpraxis wird gern auf ein klassisches Modell der Teambildung zurückgegriffen, das die Stadien der Zusammenarbeit eines Teams anschaulich beschreibt. Tuckman (1965) postuliert, dass eine Arbeitsgruppe vier bzw. – wenn sie nur für einen bestimmten Zeitraum angelegt ist und sich danach wieder auflöst – fünf Phasen durchläuft (Tuckman und Jensen 1977). Dieses oft auch als „Teamuhr" bezeichnete Schema ist in Abb. 11.1 veranschaulicht.

Tuckman geht davon aus, dass sich jede neu gebildete Gruppe zunächst einmal formen muss. In dieser Formingphase beschnuppert man sich gegenseitig, versucht

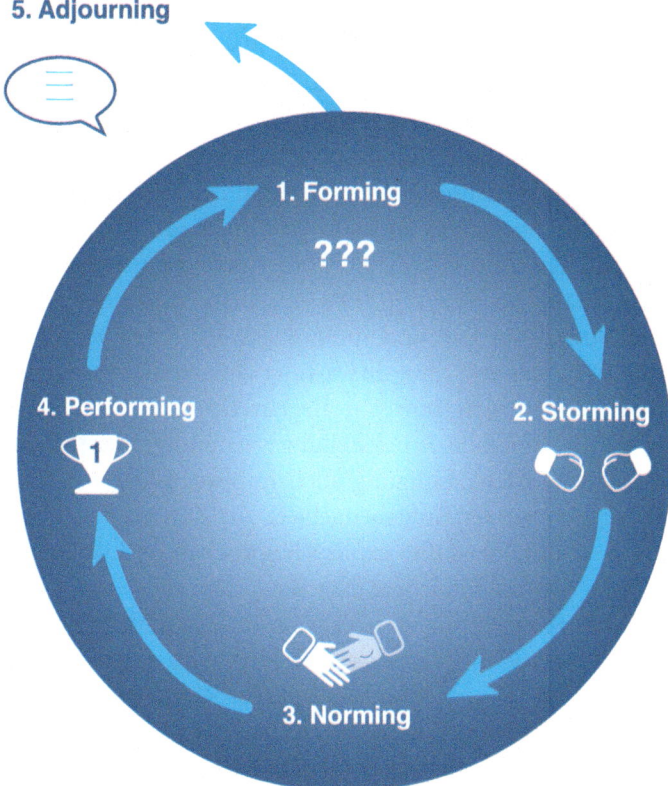

Abb. 11.1 Phasen der Teambildung nach Tuckman und Jensen (1977; eigene Darstellung)

miteinander in Kontakt zu kommen und die eigene Rolle in der Gruppe auszuloten (vgl. Kap. 7 „Fragen, die sich Menschen in einer ungewohnten sozialen Umgebung stellen"). Insgesamt ist diese Phase von Unsicherheit und Zurückhaltung geprägt, man nähert sich einander und der Aufgabe *sondierend* an.

In der zweiten sogenannten Stormingphase beginnen sich die Mitglieder offen mit ihren Positionen in der Gruppe (z. B. dem Führungsanspruch) sowie Zielen und Prozessen auseinanderzusetzen, die Konfliktbereitschaft ist hoch, es kann durchaus „stürmisch" zugehen. Die Erfüllung der Aufgabe steht hierbei nicht im Mittelpunkt, entsprechend ist die Produktivität noch gering. Wenn es gelingt, die Konfliktenergie konstruktiv zu nutzen, folgt eine Phase des Norming. Die einzelnen Mitglieder haben sich soweit sortiert und ihren Platz im Team gefunden, sich wechselseitig ihre Erwartung aneinander mitgeteilt und können sich nun auf Regeln für das Miteinander und eine sinnvolle Arbeitsteilung verständigen. Vereinzelt kann eine solche Einigung auch implizit erfolgen, sodass sich *Normen* oder Aufgabengebiete zur Zufriedenheit aller ergeben, ohne dass dies explizit besprochen und vereinbart wurde. Mit erfolgreichem Norming kann die Gruppe ihre Energie verstärkt auf die Aufgabe lenken und kommt in die vierte, die Performingphase. Hier wird mit Konzentration und Freude am Projekt gearbeitet, Kooperation und Leistung stehen im Mittelpunkt. Man respektiert und unterstützt sich gegenseitig, das gemeinsame Ziel und der gemeinsame Erfolg leiten das Handeln. Falls ein Team für einen begrenzten Zeitraum gegründet wurde und nach Abschluss der Aufgabe oder des Projekts wieder auseinandergeht, bildet die fünfte, später ergänzte Phase das Adjourning mit Rückblick, klarem Abschluss und Dokumentation.

Wichtig

Selbstverständlich können diese Phasen wiederholt durchlaufen werden. Das ist besonders wahrscheinlich, wenn sich äußere Rahmenbedingungen verändern oder ein Mitglied hinzukommt oder das Team verlässt. Solche Veränderungen erfordern stets, dass sich das Team neu sortiert und ausrichtet, was bedeutet, dass Storming- und Normingphase oft mehrfach aufeinander folgen werden. Umso wichtiger ist es, dass die Teammitglieder sich in klarer Kommunikation üben und Erwartungen aneinander sowie Feedback offen und wertschätzend zum Ausdruck bringen (Kap. 9). Wenn ein Team den Prozess von Phase 1 bis 4 einmal bewusst erfolgreich durchlaufen hat, ist die Basis für *Agilität* gegeben. Es fällt dem Team dann bedeutend leichter, diese Kompetenz später bei Veränderungen anzuwenden und die Phasen selbst effizient zu gestalten.

Seit einiger Zeit entsteht der Eindruck, als würden die Wiederholungszyklen immer kürzer, als würde die Teamuhr immer schneller durchlaufen. Dies ist unter anderem auf oft tief greifende und vor allem kontinuierlich fortlaufende *Change*-Prozesse zurückzuführen, die sich durch Umstrukturierungen, immer weiter fortschreitende *Digitalisierung* und die Beschleunigung von Marktzyklen ergeben. Teams – und damit natürlich auch Führungskräfte und ggf. Personalentwickler, Berater und andere Prozessbegleiter – müssen also immer wieder Energie in eine konstruktive Rahmung und Unterstützung investieren. Im Zuge von Veränderungsprozessen sind Rollen und Zuständigkeiten in ständiger Bewegung. Dies bietet Individuen wie Systemen vielfältige Chancen – und es kostet Zeit und Nerven, vor allem wenn es gilt, gleichzeitig die *Performance* auf hohem Niveau zu halten.

Klare Kommunikation ist nach unserer Überzeugung der Schlüssel für eine kontinuierliche und lösungsorientierte Verständigung über die Möglichkeiten und Grenzen aller Beteiligten. Denn die Phasen aus Tuckmans Modell werden keineswegs „von selbst" durchlaufen, dahinter steckt oft harte Arbeit und enormes Engagement aller, um immer wieder ins Performing zu kommen.

Machen Sie sich und allen Beteiligten bewusst, dass das Aushandeln von Rollen und Zuständigkeiten eine natürliche und wichtige Phase von Teamentwicklung darstellt und nicht etwa ein Manko oder Problem. Etablieren Sie miteinander eine klare Kommunikationskultur, nutzen Sie ggf. visualisierende Moderationstechniken, um Aufgabenbereiche, Zuständigkeiten und Fristen im Team strukturiert zu verteilen. Das kostet ein wenig Zeit, aber weit weniger als die Reibungsverluste kosten, die durch Unsicherheit, Doppelarbeit, Frustration und Überlastung Einzelner entstehen. Beziehen Sie dabei alle mit ein, spiegeln Sie sich im Team gegenseitig, wo Sie Ihren eigenen Part und den der anderen sehen. Möglicherweise kommt es dabei zu Überraschungen – eine gute Gelegenheit für Klärung. Möglicherweise wird auch sichtbar, dass der Zuschnitt einiger Aufgabenfelder der aktuellen Situation nicht (mehr) gut entspricht. In regelmäßigen Abständen einen Blick auf Mikrostrukturen zu werfen und diese bei Bedarf anzupassen, gibt jedem Einzelnen Sicherheit über seine Rolle im Team. Das Team bleibt dadurch flexibel, auf sich verändernde Umwelten zu reagieren, also „fit".

Im folgenden Tipp finden Sie stichwortartige Empfehlungen dazu, wie eine Teamleitung in den fünf Phasen von Tuckmans Modell gut agieren kann. Diese wurden in mehreren Workshops mit Führungskräften erarbeitet und in der beruflichen Praxis erfolgreich ausprobiert.

Tipp

Probieren Sie in den jeweiligen Phasen als Teamleitung folgende Leitziele und Handlungsempfehlungen für sich aus:

Forming: Hintergrund der Mitarbeiter kennenlernen; Orientierung und Information geben; inoffizielle Kultur kommunizieren; Einarbeitungsplan erstellen; Ziele, Erwartungen, Aufgaben und Regeln klären.

Storming: sensibel für Verstimmungen sein; gegenseitige Wertschätzung unterstützen; zwischen Jung und Alt vermitteln; deeskalierend wirken; lösungsfokussierte Haltung einnehmen; Aufgaben und Arbeitsweisen aushandeln; Verbesserungen aushandeln und realisieren (Kap. 7, letzter Tipp zu Formen und Kombinationen von Ja und Nein).

Norming: Fortschritte erkennen; Erfolge kommunizieren; Feedback geben; Lieblingsthemen bearbeiten; Rollen noch einmal schärfen.

Performing: beobachten und begleiten; Erfolge feiern.

Adjourning: bisherige Vorgehensweisen bewerten; aus Fehlern lernen; Potenziale für künftige Entwicklung erkennen.

Diese Empfehlungen sind in Abb. 11.2 illustriert.

Unter ungünstigen Rahmenbedingungen kann es passieren, dass Konflikte in der Stormingphase so heftig sind, dass sie besondere Aufmerksamkeit und Behandlung erfordern. Dies ist beispielsweise der Fall, wenn kulturelle oder Generationenkonflikte gemeinsame Entscheidungen und wechselseitige Wertschätzung im Team erschweren. Hier kann die Harvard-Methode der Verhandlung (Fisher

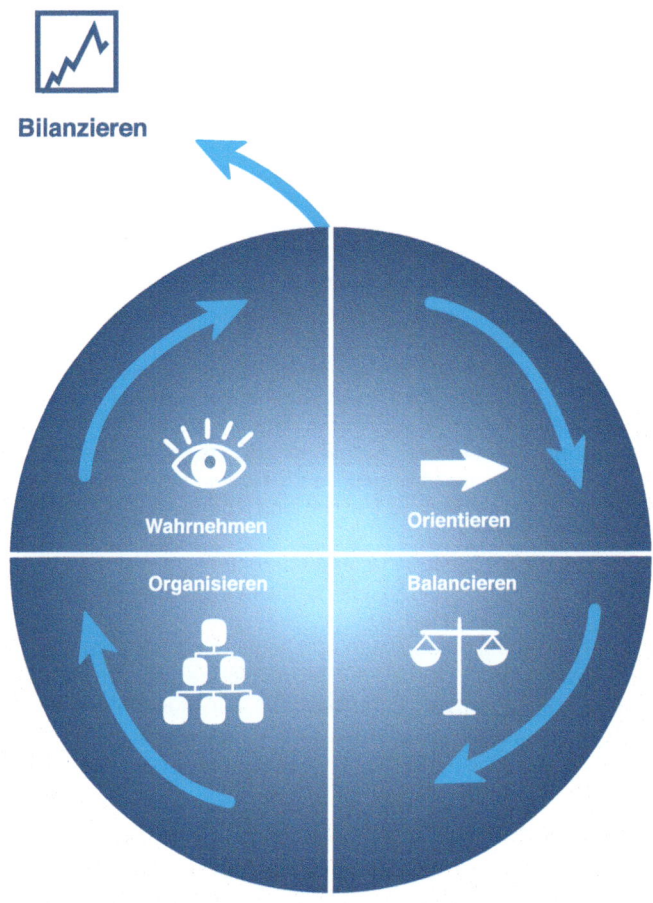

Abb. 11.2 Anregungen für unterstützende Maßnahmen seitens der Leitung in den verschiedenen Phasen der Teambildung

et al. 2013) ein bewährtes Instrument für konstruktives Konfliktmanagement liefern. Die Harvard-Grundsätze sind das Ergebnis eines langjährigen systematischen Projekts der Harvard University, in dessen Rahmen unzählige Mediationsprotokolle gesichtet und eingehend daraufhin analysiert wurden, welche *Prozessparameter* erfolgreiche von nicht erfolgreichen Ergebnissen unterscheiden. Ähnlich wie viele Empfehlungen zu guter zwischenmenschlicher Kommunikation, die wir in Teil III dieses Buchs besprochen haben, haben sie zu allererst das Ziel, die positive Beziehung zwischen den beteiligten Verhandlungspartnern aufrechtzuerhalten. Weiteres Ziel ist es, die für das Aushandeln verfügbare Zeit effizienter zu gestalten und drittens den Nutzen des Verhandlungsergebnisses für alle Beteiligten zu maximieren. Das Vorgehen folgt den vier Grundsätzen des sachgerechten Verhandelns nach Fisher et al. (2013):

1. **Behandeln Sie Menschen und Probleme getrennt voneinander**
   Wenn Menschen sich in ihrem Bedürfnis nach Sicherheit, sozialer Zugehörigkeit, Kompetenzerleben, oder *Autonomie* bedroht fühlen, reagieren sie schnell emotional. Die Reaktion ist vergleichbar mit der, wenn zentrale persönliche Werte im Arbeitsalltag der Person gefährdet erscheinen (Kap. 6). Eine sachliche Betrachtungsweise des Problems und rationale Strategien zur Lösungssuche werden dadurch erschwert. Die Empfehlung, die persönlichen Beziehungen und den eigentlichen Verhandlungsgegenstand getrennt voneinander zu behandeln, zielt nicht darauf ab,

Emotionen aus dem Verhandlungsgeschehen zu verbannen. Im Gegenteil: Nur wer die eigenen Gefühle kennt und versteht und sich so weit in die Gegenseite hineinversetzt, dass er deren Bedürfnisse und Gefühle nachvollziehen und respektieren kann, kann sie bewusst berücksichtigen. Empathische Wertschätzung – anstelle von Abwertung – der Bedürfnisse aller Beteiligten ermöglicht den Fokus auf die Sache, in der dann getrost „hart" verhandelt werden kann (vgl. Kap. 9).

2. **Konzentrieren Sie sich auf Interessen, nicht auf Positionen**

Oft reduzieren die Beteiligten das Konfliktgeschehen auf unterschiedliche Positionen. Unterschiedliche Positionen müssen keineswegs bedeuten, dass die Interessen gegensätzlich und unvereinbar sind. Entscheidend ist hier, das „Ziel hinter dem Ziel" zu identifizieren. Die Frage nach dem Wozu, also den hinter der Position stehenden Bedürfnissen, Werten, Zielen und Visionen (vgl. Kap. 5) beider Parteien ist es, die den Scheinwiderspruch aufdeckt und einen dritten Weg öffnet. Ein klassisches Beispiel ist ein Verhandlungsspiel, in dem die beiden Protagonisten beide den Auftrag erhalten, für ein Projekt ihres Unternehmens die gesamte Jahresernte der seltenen „Zitronen von Kauai" aufzukaufen (Dürrschmidt et al. 2017). Auf den ersten Blick sind die Positionen festgefahren. Ein Kompromiss – jeder bekommt die Hälfte – ist im Szenario sinnlos, da nur der Erwerb der gesamten Ernte das Ziel zu erreichen erlaubt (die flächendeckende Eindämmung eines Waldsterbens durch Herstellung ausreichender Mengen eines Insektizids bzw. die flächendeckende Eindämmung einer

Epidemie durch Herstellung ausreichender Mengen eines Medikaments). Erst in einem Austausch jenseits von „Ich brauche unbedingt die gesamte Ernte" oder „Mein Anliegen ist wichtiger als Ihres" kann deutlich werden, dass das eine Mittel aus dem Saft der Zitrone hergestellt wird, das andere aus der Schale, sodass hier eine Win-win-Lösung existiert. Ein solcher dritter Weg ähnelt den über „das eine" versus „das andere" hinausgehenden zusätzlichen Optionen „beides" bzw. „keines von beidem" in der logischen Struktur des Tetralemma nach Varga von Kibéd und Sparrer (2016), das sogar eine noch weiter öffnende fünfte Position („all dies nicht und selbst das nicht") beinhaltet und in der systemischen Beratung zum Einsatz kommt.

3. **Entwickeln Sie Entscheidungsoptionen zum beiderseitigen Vorteil**

Es sind den Autoren des Harvard-Konzepts zufolge im Wesentlichen vier Punkte, die die Entwicklung akzeptabler Alternativen behindern: Ideen werden erstens vorschnell verurteilt, was den Möglichkeitsraum unnötig einschränkt. Ein zweites Hemmnis besteht in der Annahme, es gäbe „eine" richtige Lösung oder auch eine „richtige" Lösung, wohingegen sich in erfolgreichen *Mediationen* oft die Kombination von Ansätzen mit unterschiedlichen Vorteilen als Lösung bewährt hat. Eine dritte Falle ist die Überzeugung, Vorteile für die andere Partei brächten immer Nachteile für die eigene mit sich (eine sog. Win-lose-Haltung). Viertens kann die gemeinsame Lösungssuche *stagnieren,* weil sich eine Fraktion auf die Position zurückzieht, dass die anderen ihren Teil der Probleme doch selbst lösen sollen. Dass es in einem System, in dem das Handeln der anderen zwangsläufig mit dem eigenen verzahnt ist, kein „Problem anderer Leute" geben kann, sollte inzwischen deutlich geworden sein.

Hilfreich ist demgegenüber der Ansatz, zunächst per *Brainstorming* oder besser noch *Brainwriting* eine umfassende und – durch das parallele und anonyme Notieren – wirklich unzensierte Sammlung an unabhängigen konkreten Vorschlägen und Ideen zu sammeln. Anschließend werden die gemeinsamen Interessen (das Wozu) herausarbeitet und Vorteile der verschiedenen Lösungsoptionen von den Parteien zusammen systematisch analysiert. Hierbei ist eine professionelle Moderation unverzichtbar.

4. **Bestehen Sie auf neutralen Beurteilungskriterien**
Letztlich müssen transparente Kriterien gefunden werden, auf deren Grundlage eine Entscheidung zwischen den gemeinsam entwickelten Optionen gefällt werden kann. Dies können zum Beispiel sachbezogene Kriterien wie Effektivität, Effizienz, Marktwert, Kosten und Ähnliches sein, aber auch Prinzipien wie Fairness oder Gleichbehandlung. Sofern es nicht möglich ist, dass alle ihre Ziele vollständig realisieren, ist ein Kompromiss erforderlich (z. B. Rotation unliebsamer Aufgaben). Eine weitere Empfehlung der Autoren: Alle Verhandlungspartner sollten sich bereits vor dem Austausch die „beste Alternative" zu ihrer eigenen Ideallösung überlegen und diese als Messlatte an mögliche Kompromisse anlegen. Oft ist die ausgehandelte Lösung im Vergleich besser und gewinnt so an Akzeptanz.

Tipp

An eine solche Lösungsfindung anschließende regelmäßige Meetings ermöglichen es, den Erfolg der Maßnahmen gemeinsam im Blick zu behalten und ggf. nachzusteuern. So können Sie Schwierigkeiten bei der Umsetzung frühzeitig erkennen und zugleich der Eskalation neuer Konflikte vorbeugen.

Neben dem für den dritten Schritt empfohlenen *Brainstorming* oder *Brainwriting* stellen auch andere Kreativitätsmethoden eine gute Möglichkeit dar, neue Perspektiven auf komplexe Themen zu gewinnen. Hier ist die Disney-Methode (Dilts et al. 1991; Abb. 11.3) zu nennen, die Perspektivwechsel aktiviert und spielerisch dem Verharren in einem bestimmten Standpunkt vorbeugt. Die Methode kann man für sich allein ebenso wie in einer Gruppe anwenden (vgl. z. B. Schawel und Billing 2014). Man versetzt sich dabei nacheinander in drei verschiedene Rollen – Träumer, Realist, und Kritiker – und beginnt mit dem Blickwinkel des Träumers. Wichtig ist, zwischen den Positionen eine deutliche Zustandsunterbrechung herbeizuführen – beispielsweise einen räumlichen Positionswechsel oder eine kurze Pause mit Klatschen oder einer anderen körperlichen Bewegung, die den Unterschied markiert (vgl. Ziele-Übung Kap. 4). Der Kasten unter Abb. 11.3 beschreibt diese drei Rollen.

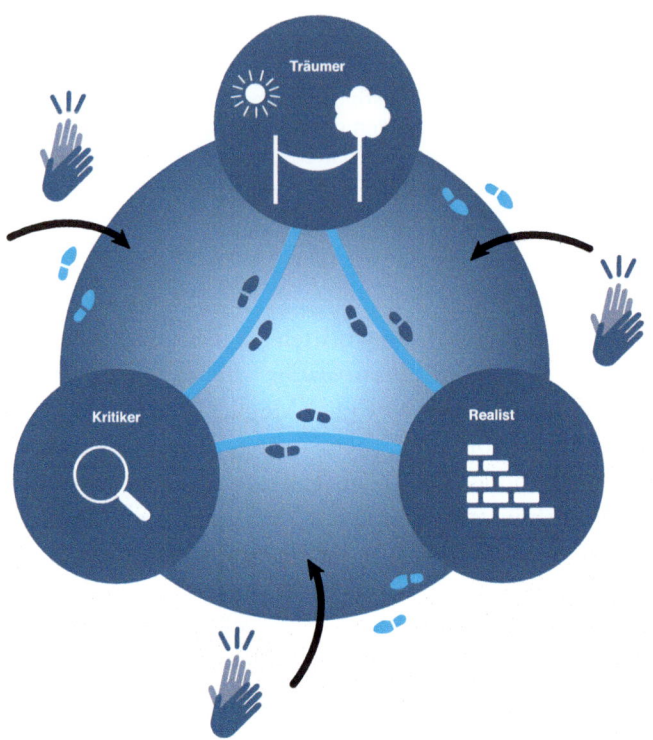

Abb. 11.3   Kreative Ideenentwicklung nach der Disney-Methode

Kasten 11.1: Die Rolle des Träumers, Realisten und Kritikers nach der Disney-Methode (Dilts et al. 1991)

Der Träumer braucht keine Rücksicht auf die Realitäten zu nehmen, darf sich einfach offen fragen: Was fällt mir dazu ein? Was würde ich mir wünschen, wenn eine gute Fee käme und die Lösung realisieren würde? Wie könnte die

Sache in einer perfekten Welt aussehen? Als zweites nimmt man die Perspektive des Realisten ein.

Der Realist prüft die Ideen des Träumers auf Machbarkeit, indem er sich fragt: Was benötige ich für die Umsetzung? Welche *Ressourcen,* Materialien oder Kontakte sind erforderlich? Was kostet es, was müssen wir lernen, mit welchen Techniken müssen wir uns befassen? Wen müssen wir noch hinzuziehen, damit es gelingen kann? Als Drittes darf der Kritiker seinen Blickwinkel hinzufügen.

Der Kritiker ist der erklärte Bedenkenträger, stellt Fragen wie: Was haben wir übersehen? Was könnte schiefgehen, welche Risiken und Probleme müssen wir bedenken? Welche Gründe sprechen dafür, welche dagegen?

Abschließend kann man optional noch einmal die Perspektive des Träumers einnehmen, um die Vision unter Berücksichtigung der berechtigten Bedenken des Realisten und des Kritikers auf der nächsten Stufe weiterzudenken.

Eine etwas differenziertere Variante sind die sogenannten Denkhüte nach Edward de Bono (2017). Auch hier nimmt die Gruppe entweder gemeinsam nacheinander nunmehr sechs Blickwinkel ein und diskutiert anschließend. Alternativ, und oft ergebnisreicher, werden die Rollen (Denkhüte) verteilt, und die Teilnehmer sammeln individuell bzw. in ihrer Kleingruppe Ideen aus der Perspektive ihres Denkhuts. Die Hüte sind dabei durch Farben gekennzeichnet und stehen für die folgenden *Modi,* sich mit einer Thematik auseinanderzusetzen.

> **Kasten 11.2: Die Methode der „Thinking Hats" zur kreativen Entwicklung und Reflexion von Ideen nach de Bono (2017)**
>
> **Weiß – analytisch:** Wer diesen Denkhut trägt, beschäftigt sich ganz wertneutral mit Zahlen, Daten und Fakten.
>
> **Rot – emotional:** Unter dem roten Denkhut darf man sich eine explizit subjektive, persönliche Meinung bilden, positive wie negative und auch widersprüchliche Gefühle oder das „Bauchgefühl" stehen im Zentrum.
>
> **Schwarz – kritisch:** Wer den schwarzen Hut aufhat, darf die Rolle des Pessimisten einnehmen, konzentriert sich auf objektive Schwierigkeiten, Nachteile oder Risiken.
>
> **Gelb – positiv:** Unter dem gelben Hut betrachtet der Optimist den Sachverhalt mit all seinen Vorteilen, Chancen und seinem Potenzial.
>
> **Grün – innovativ:** Hier darf gebrainstormt werden, der grüne Hut sammelt neue Ideen und kreative Vorschläge, ohne sich Gedanken um Machbarkeit oder Gefahren zu machen, es wird nicht bewertet.
>
> **Blau – strukturierend:** Träger des blauen Denkhuts bewahren den Überblick, sortieren und ordnen, entwickeln Kategorien oder Schemata für die Ideen.

Wie in Abb. 11.4 veranschaulicht gibt es partielle Entsprechungen zu den Perspektiven des Träumers, Realisten und Kritikers gemäß der Disney-Methode.

Der Grundgedanke hinter den beiden Techniken Disney-Methode und Denkhüte ist – Sie ahnen es schon – die Vielfalt der Perspektiven zu nutzen, um den persönlichen wie den gemeinsamen Denkraum zu öffnen und erweitern. Sprenger (2018) betont in „Radikal digital": „Wer morgen am Markt bestehen will, muss auf das kreative Potenzial seiner Mitarbeiter setzen. Nur sie können neuartige Kundenbedürfnisse erspüren, die durch

Abb. 11.4 Methode der Denkhüte nach de Bono (Erläuterung s. Kasten 11.2) mit Parallelen einzelner „Hüte" zu den Rollen gemäß der Disney-Methode

Digitalisierung erfüllbar sind" (S. 179). Mit den in den Kästen 11.1 und 11.2 beschriebenen Herangehensweisen werden innovative, kreative und besonders kritische Gedanken und Gefühle explizit „eingeladen", die in einer herkömmlichen Diskussion eventuell übergangen worden wären. So wird auch „der Widerstand" konstruktiv in den Austausch eingebunden.

Menschen unterscheiden sich darin, welche dieser Perspektiven ihnen leichter oder schwerer fällt, und manche haben sich im Laufe ihres Lebens einen für sie typischen Blick auf die Dinge angewöhnt. Ihre Perspektive ist dann situationsübergreifend eher von Skepsis oder eher von Optimismus geprägt, sie haben eine Präferenz dafür, Entscheidungen vorwiegend logisch-rational oder aus dem Bauch heraus zu treffen etc. Eine solche „Lieblingshaltung" bringen wir natürlich ein, wenn wir uns im Team austauschen, und manchmal ist das Verständnis für andere Betrachtungsweisen dann vergleichsweise gering ausgeprägt. Schnell wird so der Strukturierende als zwanghaft abgetan, der Träumer oder Innovator als Chaot bezeichnet, oder der kritische Denker als Blockierer gebrandmarkt, und die jeweils vorgebrachten wertvollen Anregungen ignoriert.

Dies erinnert an das in der praktischen Organisations- und *Change*-Beratung populäre „Four Player Model" von David Kantor (z. B. in Isaac 2002). Kantor postuliert vier Typen, Kräfte oder Rollen in der Kommunikation (Tab. 11.1). Deren gute Absichten werden von anderen häufig missverstanden, was in Konfliktspannung mündet. Die Reflexion der jeweiligen guten Absichten ermöglicht auch hier eine neue Perspektive auf andere Betrachtungsweisen und kann so die Weisheit aller Positionen nutzbar machen.

Erneut wird deutlich, dass es unumgänglich ist, unterschiedliche Sichtweisen wirklich auszutauschen, sich

Tab. 11.1 Four Players nach Kantor (in Isaac 2002, S. 171)

	Gute Absicht	Kommt bei anderen an als
Move (treibende Kraft)	Engagement, Disziplin, Klarheit, Perfektion, Richtung	Ungeduld, Allmacht, autoritäres Verhalten, Konfusion, Unentschlossenheit
Follow (Anhänger)	Ergänzung, Loyalität, Mitgefühl, Kontinuität, Diensteifer	Beschwichtigung, Unentschlossenheit, übertriebene Anpassung, Mitläufertum
Oppose (Widersacher)	Mut, Integrität, Korrektur, Schutz, Überleben	Kritik, Nörgeln, Vorwurf, Angriff, Eigensinn
Bystand (Beobachter)	Perspektive, Geduld, Bewahren, Mäßigung, Selbstreflexion	Distanz, Urteil, Desertion, Zurückgezogenheit, Schweigen

hinsichtlich des Warum und Wozu einer abweichenden Einschätzung gegenseitig zuzuhören und so den Raum für Ziele hinter den Zielen, für Interessen anstelle von Positionen zu öffnen.

Tipp

Wenden Sie die Disney-Methode oder die Denkhüte gezielt an, um in Ihrem Team die Blickwinkel zu flexibilisieren und bevorzugte Bewertungsmuster – wie auch die Four Player sie darstellen – aufzulösen. Wer einmal selbst entgegen seiner sonstigen Gewohnheiten explizit aus der Perspektive des Kritikers, Emotionalen, Analysten oder Optimisten heraus argumentieren „musste", wird mehr mentale

> Beweglichkeit und Verständnis für andere Sichtweisen entwickeln. Insofern fördern diese Methoden nicht nur die Kreativität bei der Entwicklung von Lösungen oder innovativen Produkten und Dienstleistungen. Sie fördern auch *Empathie* in der Kommunikation und reduzieren so nachhaltig Konfliktpotenzial. Beide Effekte steigern die *Agilität* jedes Einzelnen wie des sozialen Systems insgesamt.

Explizite Perspektivenübernahme in divers zusammengesetzten Teams fördert nachweislich die Kreativität (Hoever et al. 2012). Ähnliche Effekte hat es, sich gedanklich mit Abweichungen von der *Norm* zu befassen (Förster et al. 2005). Dadurch, dass es erklärtermaßen die Aufgabe desjenigen ist, diesen Standpunkt zu vertreten, ist auch jede persönliche Kritik aus dem Spiel. Verbale Angriffe wie „Musst du immer alles so negativ sehen?!" oder „Werde mal bitte realistisch und setz die rosa Brille ab!" halten die Diskussion nicht länger auf. Zugleich wird durch die Methoden deutlich, dass wirklich jede Sichtweise ihren Wert und ihre Berechtigung hat und die Lösungsfindung bereichert.

Insgesamt halten wir es mit Blick auf die zunehmende kulturelle, ethnische, sexuelle, generationale oder wie auch immer geartete Diversität in Systemen für einen ausgesprochen wertvollen Ansatz, die scheinbare Paradoxie von Gleichheit und Differenz (Molter und Nöcker 2015) zu überwinden und Vielfalt als *Ressource* in sich zu betrachten.

Fazit

Teams entwickeln sich Tuckmans (1965) Modell zufolge in Phasen, die im Zuge von Veränderungen immer wieder Konfliktaushandlung beinhalten, um gute *Performance* zu ermöglichen. Die Harvard-Methode hat sich – neben den in Teil III empfohlenen Kommunikationsansätzen – für eine konstruktive Handhabung von Konflikten bewährt. Vielfalt stellt in nahezu allen Situationen einen großen Vorteil für ein Team dar, da sie die Anpassungsfähigkeit an neue Herausforderungen erhöht. Je unterschiedlicher die Stärken und Schwächen zwischen den Mitgliedern einer Gruppe verteilt sind, desto mehr Möglichkeiten ergeben sich, diese in einer bestimmten Situation optimal zur Entwicklung zu nutzen. Je vielfältiger die Perspektiven, desto kreativere Lösungen entstehen, vorausgesetzt diese blockieren sich nicht durch wechselseitige Abwertung. Die vorgestellten Kreativitätsmethoden machen dies erfahrbar und unterstützen so den Prozess einer agilen und offenen Handhabung von Herausforderungen in sozialen Systemen.

Literatur

de Bono, E. (2017). *Six thinking hats.* London: Penguin (UK).

Dilts, R. B., Epstein, T., & Dilts, R. W. (1991). *Tools for dreamers: Strategies for creativity and the structure of innovation.* Cupertino: Meta Publications.

Dürrschmidt, P., Brenner, S., Koblitz, J., Mencke, M., Rolofs, A., Rump, K., & Strasmann, J. (2017). *Methodensammlung für Trainerinnen und Trainer.* Bonn: ManagerSeminare.

Fisher, R., Ury, W., & Patton, B. (2013). *Das Harvard-Konzept: der Klassiker der Verhandlungstechnik.* Frankfurt/Main: Campus.

Förster, J., Friedman, R. S., Butterbach, E. B., & Sassenberg, K. (2005). Automatic effects of deviancy cues on creative cognition. *European Journal of Social Psychology, 35*(3), 345–359.

Hoever, I. J., Van Knippenberg, D., Van Ginkel, W. P., & Barkema, H. G. (2012). Fostering team creativity: perspective taking as key to unlocking diversity's potential. *Journal of Applied Psychology, 97*(5), 982–996.

Isaac, W. (2002). *Dialog als Kunst gemeinsam zu denken.* Köln: EHP.

Molter, H., & Nöcker, K. (2015). Vom Umgang mit der Paradoxie Gleichheit und Differenz. *systhema, 29*, 171–174.

Moscovici, S. (1980). Toward a theory of conversion behavior. *Advances in Experimental Social Psychology, 13*, 209–239.

Schawel, C., & Billing, F. (2014). *Top 100 Management Tools: Das wichtigste Buch eines Managers: Von ABC-Analyse bis Zielvereinbarung* (5. Aufl). Wiesbaden: Springer Gabler.

Sprenger, R. K. (2018). *Radikal digital. Weil der Mensch den Unterschied macht.* München: DVA.

Tuckman, B. W. (1965). Developmental sequence in small groups. *Psychological Bulletin, 63*(6), 384–399.

Tuckman, B. W., & Jensen, M. A. C. (1977). Stages of small-group development revisited. *Group & Organization Studies, 2*(4), 419–427.

Varga von Kibéd, M. & Sparrer, I. (2016). *Ganz im Gegenteil. Tetralemmaarbeit und andere Grundformen Systemischer Strukturaufstellungen – für Querdenker, und solche die es werden wollen.* Heidelberg: Carl Auer.

12

Gemeinsam 4.0: Ein positives Wachstumsklima gestalten

Negativity is the enemy of creativity.
(David Lynch)

Insgesamt erfordert der Umgang mit Herausforderungen, dynamischem Wandel und Mehrdeutigkeit in komplexen Umwelten individuelle Klarheit über Ziele und Werte, klare und wertschätzende Kommunikation im Dialog sowie Offenheit, Vertrauen, Flexibilität und einen bei aller Vielfalt gemeinsamen und dadurch buchstäblich viel-seitigen Blick auf die Dinge. Je stärker unsere (Arbeits-)Welt von *Digitalisierung* und Automatisierung durchdrungen wird, desto mehr Chancen ergeben sich, den Menschen wieder wirklich in den Mittelpunkt zu stellen. Dadurch, dass wenig menschenwürdige Tätigkeiten

© Springer-Verlag GmbH Deutschland, ein Teil von Springer Nature 2019
K. Mierke und E. van Amern, *Klare Ziele, klare Grenzen,*
https://doi.org/10.1007/978-3-662-56826-2_12

zunehmend von Maschinen erledigt werden, entstehen
Räume für eine weitreichende und umfassende Humani-
sierung der Arbeitswelt (vgl. Sprenger 2018). Diese sollten
wir nutzen, um unsere gesamten, genuin menschlichen
Fähigkeiten und Potenziale konsequent in unser Arbeits-
handeln zu re-integrieren.

In diesem letzten Kapitel möchten wir einige dafür relevante Befunde aus der positiv-psychologischen Grundlagenforschung vorstellen und im Sinne eines Ausblicks
mit den bisherigen Ausführungen zusammenführen.
Dabei gehen wir unter anderem auf folgende Fragen ein:

Fragen

Was wissen wir über die dynamischen Wechselwirkungen
von positiven Emotionen und Aufmerksamkeit, aufgaben-
bezogenem Verhalten und sozialen Kontakten, u. a. gemäß
Fredricksons Broaden-and-build-Modell?
Welche Effekte hat die Art und Weise der Kommunikation
in Teams auf die Teamleistung?
Was hilft uns, im Sinne des Konzepts der *Ambiguitätstoleranz* Verwirrung, Unsicherheit und Mehrdeutigkeit gut
auszuhalten, und wie verhelfen uns wiederum diese zu
langfristiger Stabilität?
Welche Perspektiven ergeben sich – auch aus Befunden
der (Neuro-)Physiologie – für innovatives Problemlösen,
Anpassungsfähigkeit und Entwicklung in Systemen?

Die psychologische Forschung hat sich lange Zeit auf
die Entstehungsbedingungen, Klassifikation und Therapie von Problemen und psychischen Störungen fokussiert und dabei vernachlässigt, dass es mindestens ebenso
zu ihren Aufgaben gehört, Menschen ein erfolgreicheres

und erfüllteres Leben zu ermöglichen, ihre Talente zu entdecken und zu entwickeln (Seligman 1999; Seligman und Czikszentmihalyi 2000). Mit der solchermaßen explizit ausgerufenen Zuwendung hin zu einer positiven Psychologie liegt der Fokus positiv-psychologischer wissenschaftlicher Studien auf der Analyse von Bedingungen, die eine optimale Entwicklung von Personen, Gruppen und Systemen möglich machen (Gable und Haidt 2005). Dies umfasst Faktoren, die Gesundheit und subjektives Wohlbefinden verbessern (Diener 1984), aber auch die Förderung von psychologischem Kapital wie Optimismus und Selbstwirksamkeit sowie positivem Verhalten und *Performance* in Organisationen (Luthans 2002).

Auch die Emotionspsychologie hat sich lange Zeit fast ausschließlich mit dem Studium von negativen Gefühlen wie Wut, Frustration oder Trauer sowie deren Entstehung, Erscheinungsformen und Auswirkungen befasst (Fredrickson 1998). Inzwischen wissen wir, dass Optimismus, Humor, Dankbarkeit oder Sympathie gegenüber anderen Personen weitreichende Effekte nicht nur auf unser aktuelles subjektives Wohlbefinden, sondern auch auf die Ausrichtung unserer Aufmerksamkeit, unsere Gedanken, unseren Körper und unser spontanes Verhalten haben. Da entsprechend weitreichende Auswirkungen positiver Stimmung für die Arbeitswelt relevant sind, soll ein kurzer Überblick über einige zentrale Befunde gegeben werden.

Positive Emotionen weiten zahlreichen Studien zufolge den Aufmerksamkeitsfokus. Das hat zur Folge, dass Reize insgesamt eher mit Blick auf das „große Ganze" verarbeitet werden, statt mit besonderem Fokus auf Details. Positive Stimmung erweitert so buchstäblich den Horizont und steigert allgemein die gedankliche Flexibilität, was den Assoziationsraum vergrößert und kreative Verknüpfungen fördert (einen sehr guten Überblick gibt Fredrickson 2001, 2013). So lockern sich beispielsweise Kategoriegrenzen und werden weniger „engstirnig" angewendet: Die Teilnehmer im Experiment sollten entscheiden, ob es sich bei verschiedenen genannten Begriffen um ein Exemplar der Kategorie Fahrzeug handelt. In positive Stimmung versetzte Teilnehmer haben ungewöhnliche Beispiele wie Aufzug oder Kamel eher als zugehörig akzeptiert als neutral gestimmte Teilnehmer, die nur bei klassischen Exemplaren wie Auto oder Fahrrad zustimmten (Isen und Daubman 1984). Positive Emotionen fördern auch auf der Verhaltensebene Offenheit, z. B. eine breitere Palette von Produkten wie ungewöhnliche Snacks zu probieren (Kahn und Isen 1993). Andere Studien zeigen, dass in guter Stimmung mehr neue soziale Beziehungen geknüpft bzw. vorhandene Beziehungen eher vertieft werden, man also sein soziales Netzwerk ausbaut.

Um diese Effekte von Erweiterung hervorzurufen genügen in Versuchssituationen kurze experimentelle *Induktionen* positiver Gefühle, z. B. durch ein kleines Geschenk oder die Aufforderung, sich für eine Minute an eine glückliche Episode aus dem eigenen Leben zu erinnern (Überblick s. Lyobomirski et al. 2005). Selbstverständlich ist nicht davon auszugehen, dass diese Manipulationen sich im (Arbeits-)Alltag beliebig umsetzen lassen, ohne sich abzunutzen – einmal ganz abgesehen davon, dass die Befürchtung, manipuliert zu werden, den Effekt unterminieren dürfte. Aber darum geht es auch nicht.

Dem einflussreichen Broaden-and-build-Modell von Barbara Fredrickson (2001, 2013) zufolge können positive Gefühle maßgeblich dazu beitragen, dass über diese gut belegte Erweiterung („broaden") des Wahrnehmungs- und Denkraums und über die geförderte *Explorationsfreude* neue Reize und Ideen eher aufgenommen und eher in Handlung übersetzt werden. Dies ermöglicht persönliches Wachstum, denn so werden neue Erfahrungen gemacht und dabei Wissen und Kompetenzen aufgebaut („build"). Es werden eher Kontakte mit Menschen geknüpft, die bei der Bewältigung neuer Herausforderungen helfen können, ebenfalls ein wichtiger Aspekt der Build-Komponente.

Erweiterung und Aufbau von *Ressourcen* bilden somit das Fundament einer sich selbst verstärkenden positiven Spirale, denn je mehr Möglichkeiten erkundet und Fähigkeiten zur Bewältigung von Problemen erworben werden, desto mehr positive Erfahrungen wird man im nachfolgenden Umweltkontakt machen. Dies fördert das Erleben von Selbstwirksamkeit, Erfolg und damit verbundenen positiven Emotionen wie Stolz, Dankbarkeit und Freude – die wiederum konsequent eine zusätzliche Erweiterung des Wahrnehmungs-, Denk- und Handlungsraums mit sich bringen. Insofern entfaltet sich die Wirkung guter Stimmung dynamisch über die Zeit und kann zu einer selbstverstärkenden positiven Spirale werden. Negative Emotionen hingegen führen – ähnlich wie Stress – zu Einschränkungen des Wahrnehmungsraums und zu Vermeidungsverhalten, was die Verfügbarkeit von Lernmöglichkeiten verringert (Fazio et al. 2004). Positiver Affekt kennzeichnet also nicht nur Gesundheit und

Wohlbefinden in der Gegenwart, sondern fördert auch Gesundheit und Wohlbefinden in der Zukunft.

Dieser vielschichtige und weitreichende Einfluss positiver Emotionen ist damit zu erklären, dass Gefühle Multikomponentensysteme sind, die *simultan* Denken, Verhalten, Erfahrungen, Kommunikation und physiologische Zustände wie Puls, Blutdruck, Hormonausschüttung etc. verändern (s. auch Kap. 1). Zweitens sind sie ein Bestandteil dynamischer Wechselwirkungen: Wahrnehmen, Denken und Handeln verändern unseren Gefühlszustand, und unser Gefühlszustand verändert unser Wahrnehmen, Denken und Handeln. Der Wirkungszusammenhang wird dadurch nichtlinear: Ein relativ geringer Input kann durch Wechselwirkungen und *Interdependenz* mittel- und langfristig einen sehr hohen Output hervorbringen (vgl. auch Kap. 10, Fallbeispiel 10.2), diese müssen zueinander nicht proportional sein (Fredrickson und Losada 2005).

Ein praktisches Beispiel soll das veranschaulichen:

Fallbeispiel 12.1

Marc hat gute Laune. Auf dem Weg zur Arbeit hat er zufällig einen alten Schulfreund wiedergetroffen, der zwischendurch in Berlin war und den er entsprechend lange nicht gesehen hat. Sie haben sich für den nächsten Abend in der Innenstadt verabredet. Als Marc im Büro ankommt, hat er ein Lächeln auf den Lippen. Er nimmt sich das Angebot für den neuen Großkunden noch einmal vor. Vorgestern war er kurz davor, eine aufpolierte Standardlösung anzubieten, weil er keine Lust mehr hatte, sich mit den komplizierten Sonderwünschen zu befassen. Vorher hatte er sich stundenlang mit der neuen

Software herumgeschlagen, wirklich blöd, dass er beim ersten Schulungstermin außer Haus war. Als er jetzt seine Notizen zu den Vorstellungen des Kunden noch einmal durchgeht, erinnert er sich an einen Beitrag über ein *Start-up*-Unternehmen, den er neulich gelesen hat. Die hatten sich genau auf so etwas spezialisiert. Warum fällt ihm das jetzt ein? Ach ja, Berlin. Egal. Er findet den Artikel wieder, stößt bei der weiteren Suche auf Hintergrundinfos zu deren Konzept und auf positive Referenzen. Er nimmt Kontakt auf, eine Kooperation könnte auch für andere Projekte interessant sein. Erleichtert holt er sich einen Kaffee. Am Automaten trifft er Simon, der die erste Woche da ist. Sie unterhalten sich kurz, und Marc fragt ihn spontan, ob sie nicht zusammen mittagessen wollen. Der neue Kollege freut sich sichtlich. Vorgestern wirkte Marc so abweisend, dass er sich bisher kaum getraut hat, sich mit Fragen zur Einarbeitung an ihn zu wenden. Beim Essen stellt sich heraus, dass Simon einige Jahre bei einem Laden gearbeitet hat, die bereits die neue Software verwenden. Er bietet an, sich mal mit Marc hinzusetzen und ihm die wichtigsten Sachen zu zeigen. Marc ist erleichtert, das wird ihm viel Zeit und Nerven sparen.

Eine solche Geschichte ist sicher nichts, was einem jeden Vormittag passiert. Zudem liegt es nicht in unserer Hand, ob wir oder unsere Kollegen morgens in der Bahn alte Freunde treffen. Aber der positive Impuls, der damit in Marcs Tag gekommen ist und eine Kettenreaktion nach sich gezogen hat, kann ebenso gut dadurch erreicht werden, wie wir am Arbeitsplatz miteinander umgehen. Kleine freundliche Gesten, eine von echtem Interesse geprägte Frage, Dank oder Anerkennung für gute Zusammenarbeit machen, wie wir alle wissen, einen großen Unterschied für das Gesamtklima im Alltag, zumal jeder seine Freude bzw. seinen Unmut innerhalb des Systems weiterträgt. So wird auch Simon nach dem Mittagessen mit Marc anders in den Nachmittag starten, was sich wiederum auf seine Arbeitsleistung wie auf seine weiteren sozialen Begegnungen auswirken dürfte.

Positive Impulse haben nachweislich eine weitreichende Wirkung. Hierzu zeigen Untersuchungen an realen Teamsitzungen, dass das Verhältnis positiver zu negativen Äußerungen in solchen Sitzungen eng mit der Erholungsfähigkeit nach einer Krise und der allgemeinen Leistungsfähigkeit der Teams zusammenhängt (Losada 1999; Losada und Heaphy 2004; s. auch Fredrickson und Losada 2005). *Performance* wurde dabei objektiv über externe Maße wie *Profitabilität,* Kundenzufriedenheit und die Ergebnisse einer 360-Grad-Beurteilung erfasst. In der Kommunikation der sogenannten *High Performer,* etwa ein Viertel der Stichprobe aus 60 Teams, überwogen die positiven Aussagen die negativen mit einer Quote von 5,6:1. Der Austausch in diesen Meetings war zweitens gekennzeichnet durch eine gute Balance aus Äußerungen, die Interesse am Standpunkt des anderen bekunden (z. B. Rückfragen), und solchen, die den eigenen Standpunkt verteidigen. Drittens fand sich eine ausgewogene Balance zwischen selbstbezogenen Äußerungen, die eigene Themen und Anliegen fokussieren und Kontext bezogenen Äußerungen, die andere Abteilungen, die Marktlage oder sonstige Umweltfaktoren betreffen. Diese Teams wiesen ein deutlich besseres Teamklima auf. Vor allem aber entwickelten sie in schwierigen Situationen eine größere Bandbreite an kreativen Problemlösungen, waren also deutlich flexibler und dadurch widerstandsfähiger im Umgang mit Krisen.

Teams, die unter dem als Losada-Rate oder Losada-Linie bekannt gewordenen kritischen Verhältnis von ca. 3:1 positiver zu negativen Äußerungen lagen, verloren in schwierigen Zeiten ihre Flexibilität. Sie zeigten wenig Bereitschaft, festgefahrene Wege zu verlassen, und wiesen eine geringe Fähigkeit auf, Krisen erfolgreich zu meistern. Hier überwogen neben negativen Äußerungen deutlich die Verteidigung eigener Standpunkte im Vergleich zum Interesse am Standpunkt der anderen und der Selbstbezug in den Gesprächsbeiträgen im Vergleich zum Einbezug des Kontextes. Negative Äußerungen verursachen bei den anderen Gruppenmitgliedern mutmaßlich negative Gefühle (z. B. Ärger, Wut, Scham oder Frustration), was ihren Wahrnehmungs-, Denk- und Handlungsraum noch weiter einschränkt.

> **Wichtig**
>
> Trotz einiger Kritik an den von Losada entwickelten mathematischen Modellierungen sind die *empirischen* Befunde unstrittig und zeigen erneut den weitreichenden Einfluss von dialogorientierter Kommunikation in Systemen: Wertschätzendes Feedback zu den Vorschlägen anderer, offener Umgang mit Vielfalt und echtes Interesse an neuen Perspektiven ermöglichen Teams einen erfolgreicheren Umgang mit Herausforderungen und fördern objektiv messbar die *Performance*.

Weitere Unterstützung erfährt das Broaden-and-build-Modell aus Modellen und Befunden der (Neuro-) Physiologie. Fredrickson (2013) verweist hierzu auf erstaunliche Parallelen zwischen der Flexibilität des

Herz-Kreislauf-Systems und unseren Möglichkeiten, mit schwierigen Momenten umzugehen. So ordnen sich in Organismen zunächst willkürlich wirkende Strukturen häufig zu Mustern von Selbstähnlichkeit zwischen *Mikro-* und *Makroebene,* vergleichbar der Struktur der von Benoît Mandelbrot beschriebenen Fraktale (Goldberger et al. 1990). Das wird beispielsweise deutlich im Aufbau von Neuronen oder in Schwankungsmustern der Herzrate. Insbesondere bei der Herzrate scheinen unterschiedliche Abstände zwischen den Schlägen mit hoher Robustheit und *Resilienz* im gesamten Herz-Kreislauf-System einherzugehen. Eine starke Gleichförmigkeit der Herzrate hat sich in vielen Studien mit Krankheitsanfälligkeit assoziiert gezeigt, hohe Variabilität hingegen mit Gesundheit (Thayer et al. 2012). Interessanterweise ist hohe Herzratenvariabilität dabei eng mit dem für Entspannung zuständigen *Parasympathikus* verknüpft: Bei parasympathischer Aktivierung – also im Ruhezustand – sinkt der Puls, die Abstände zwischen den Schlägen variieren aber deutlich stärker als unter *Sympathikus*-Aktivierung, wie sie im Rahmen der Stressreaktion auftritt (Kap. 1 und Herzkohärenz – Atmung Kap. 5) Auf physiologischer Ebene ermöglicht diese Variation dem Organismus eine schnelle Anpassung an veränderte Umweltanforderungen und damit Systemstabilität und Gesundheit.

Diese Erkenntnisse überträgt Fredrickson im Rahmen ihres Broaden-and-build-Modells auf positive Stimmung und Verhaltensweisen von Menschen untereinander. Wenn Menschen durch positive Emotionen tatsächlich die Ausrichtung ihrer Aufmerksamkeit, ihre Denkmöglichkeiten und ihr Handlungsrepertoire erweitern, werden sie dadurch weniger vorhersagbar als Menschen, die in einem engeren Rahmen denken und agieren. Vorhersagbarkeit scheint auf den ersten Blick – ebenso wie ein gleichmäßiger Herzschlag – erstrebenswert. Sie suggeriert Sicherheit und Kontrollierbarkeit. Tatsächlich ist es aber die mangelnde Vorhersagbarkeit, sind es die scheinbar chaotischen kurzfristigen Schwankungen in unserem Wahrnehmen, Denken und Handeln, die Sicherheit in einer veränderlichen Umwelt langfristig gewährleisten.

Wichtig

Das durch positive Gefühle erweiterte Wahrnehmungs- und Verhaltensspektrum erzeugt von Moment zu Moment eine Instabilität: Man ist gut gelaunt, und es steht nicht fest, was man selbst oder die anderen als Nächstes denken oder tun werden. Der Blick ist weit, die *Assoziationen* fließen freier, der Möglichkeitsraum wird größer (vgl. Molter und Nöcker 2012). Genau diese Variabilität ermöglicht Menschen und Systemen eine hohe Anpassungsfähigkeit oder „Fitness" und erhöht damit ihre Widerstandskraft und langfristige Stabilität angesichts von plötzlich eintretenden Herausforderungen und Krisen (Folkman et al. 2000).

Dies erinnert an *Ambiguitätstoleranz*. Dieser Begriff beschreibt die Art und Weise, in der mehrdeutige, nicht vertraute, komplexe oder nicht in sich stimmige Informationen wahrgenommen und verarbeitet werden. Eine niedrige *Ambiguitätstoleranz* zeigt sich in einer eher ablehnenden Haltung gegenüber solchen Informationen, Menschen mit einer hohen *Ambiguitätstoleranz* sehen *Ambiguität* als Herausforderung oder Chance.

Ambiguitätstoleranz galt zunächst eher als unveränderbarer Anteil der Persönlichkeit, hat sich jedoch als *situativ* beeinflussbar und erlernbar erwiesen (Endres et al. 2015).

Die Verbindung von Wahrnehmung und Motivation findet sich – ohne dass die Arbeitsgruppen unseres Wissens explizit aufeinander Bezug nehmen – in ähnlicher Form in der Theorie des regulatorischen Fokus von Higgins (1998). Er beschreibt, dass wir in der Selbstregulation von zwei motivationalen Grundorientierungen geleitet sind. Grundlegend geht er davon aus, dass wir dem hedonischen Prinzip folgen, also Lust aufsuchen und Unlust vermeiden. Im „prevention"- oder Vermeidungsfokus liegt das Augenmerk dabei auf dem Abwenden von Schaden oder Verlust. Sicherheits- und Schutzbedürfnisse stehen im Vordergrund. Man zieht sich (z. B. auch in Verhandlungen) auf Minimalziele zurück, Risiken werden geringgehalten, der Wahrnehmungsstil ist „lokal", der Aufmerksamkeitsfokus eher eng. Dies ist wertvoll bei Tätigkeiten, die eine hohe Sorgfalt im Detail und das Vermeiden von Fehlern erfordern. Demgegenüber stehen für Menschen im „promotion"- oder Annäherungsfokus Wachstumsbedürfnisse im Vordergrund. Sie lenken ihre Energie auf das Erzielen von Erfolgen, erkunden gerne ihre Umwelt und sind risikobereiter. Der mentale Verarbeitungsstil ist ganzheitlicher, global und weit, was u. a. Kreativität fördert (Förster und Higgins 2005). Diese motivationalen Orientierungen weisen einerseits eine zeitlich überdauernde Komponente im Sinne einer Persönlichkeitseigenschaft auf, sind aber – ebenso wie *Ambiguitätstoleranz* – auch situationsabhängig beeinflussbar. Der Fokus bedingt folglich, ob sicherheitsbezogenen Vermeidungszielen oder auf ein Ideal gerichteten Wachstumszielen eine höhere Priorität eingeräumt wird. Es liegt nahe, dass unter Bedrohung der Fokus auf Sicherheitsbedürfnisse gelenkt wird und Wachstum und Entwicklung leichter möglich werden, wenn diese erfüllt sind (vgl. Kap. 3). Ein starker „promotion"-Fokus sollte die vom Broaden-and-build-Modell beschriebene Aufwärtsspirale von Wahrnehmungserweiterung, Kompetenz- und Beziehungsaufbau sowie Erfolgserleben, Selbstwirksamkeit und Wohlbefinden auch im Arbeitskontext begünstigen (s. auch Crowe und Higgins 1997).

Wie erreichen wir diese Zielvision, ein positives, dynamisches und agiles „Gemeinsam 4.0" angesichts einer von *VUKA*-Faktoren geprägten modernen Arbeitswelt? Was hilft uns dabei, welche *Ressourcen* und Potenziale bringen wir Menschen dafür mit? Werfen wir noch einmal einen Blick zurück. Unser Körper reagiert physiologisch blitzschnell auf äußere Anforderungen, er stellt mit der Stressreaktion Energie bereit, um zu kämpfen oder zu fliehen, oder fällt in eine vorübergehende Starre. Als vierte Bewältigungsstrategie steht uns „tend-and-be-friend" zur Verfügung, was den hohen Stellenwert sozialer Unterstützung in Situationen berücksichtigt, in denen Kampf oder Flucht nicht praktikabel sind (Kap. 1). Auch in Unternehmen beobachten wir, dass angesichts akuter Bedrohung (z. B. durch angekündigten Stellenabbau) die

miteinander vertrauten Mitarbeiter deutlich zusammen-
rücken, sofern sie nicht in direkter Konkurrenz zueinander
zu stehen glauben.

Stress mobilisiert also je nach Kontext unterschiedliche
Bewältigungsstrategien. Stress ist nicht per se schädlich,
Aktivierung im Gegenteil prinzipiell gesundheits- ebenso
wie leistungsförderlich. Die Stressreaktion der Einzelnen variiert – wie das Lazarus-Modell zeigt (Kap. 1) –,
abhängig von der Einschätzung der Gefährlichkeit, sowie
der verfügbaren Ressourcen zur Bewältigung der Herausforderung. Wesentlich ist, dass aufgebaute Spannung
regelmäßig vollständig abgebaut werden kann und eine
parasympathisch dominierte Phase der Entspannung und
Erholung folgt. Ist ein Individuum dauerhaft hohem Stress
ausgesetzt, entstehen schwere gesundheitliche Schäden,
auch Wahrnehmung und Gedächtnis werden funktional eingeschränkt. Ähnlich wie bei negativen Emotionen
setzen wir dann Scheuklappen auf, fokussieren auf die
eigenen Belange und haben keine Kapazitäten, über den
Tellerrand zu schauen und uns auf andere, neue Perspektiven einzulassen (s. auch Kap. 11). Hierunter leidet die
Qualität von Entscheidungen ebenso wie die Qualität
unserer Sozialkontakte.

Verinnerlichte Glaubenssätze (Kap. 2 und 5) beinhalten
oft Aspekte von Vermeidungszielen („Du darfst auf keinen Fall …", „Pass bloß auf, dass du nicht …"), innere
Antreiber setzen uns damit zusätzlich unter Druck
und schränken uns kognitiv weiter ein. Jeder Einzelne
ist gefordert, sich seine kognitive Freiheit wiederzu-
erobern, indem er Selbstdistanzierung sowie Aktivierung

des *Parasympathikus* übt und sich die Zeit zur Reflexion nimmt. Aus diesem balancierten Zustand gelingt es, Entscheidungen über das rationale System 2 in guter Ergänzung durch das emotionale System 1 zu treffen und die in unserem Modell (Kap. 3) postulierten Auswirkungen eigenen Handelns auf andere zu gestalten. Dazu gehört, in einer gegebenen Situation persönliche Werte zu identifizieren (Kap. 4), eventuell sichtbar werdende Gegensätze auszusöhnen (Kap. 5) und die gewonnene wertebasierte Zielorientierung in Handlung zu übersetzen (Kap. 6). Diese innere Klarheit über Möglichkeiten und Grenzen nach außen zu kommunizieren, hat vielfältige positive Wirkungen. Die individuelle Leistungsfähigkeit zu erhalten ist eine teamorientierte Handlung: Wenn ein Individuum seine Grenzen spürt und mitteilt, dient dies mittelfristig allen. *Situative* Klarheit macht deutlich, dass ein momentanes Nein zur Aufgabe kein Nein zum Gegenüber beinhaltet, möglicherweise diesem sogar einen höheren Wert beimisst, weil ein durchdachtes Nein mehr erfordert als ein gedankenloses Ja, das dann später relativiert oder ganz zurückgenommen werden muss (Kap. 7). Durch eine an den Kapazitäten, Bedürfnissen und Interessen des anderen ausgerichtete Delegation erfolgt Kompetenzaufbau im Team, Ziele und Wege guter Aufgabenumverteilung werden im Dialog erarbeitet (Kap. 8). Kontinuierliches, zeitnahes und konkretes Feedback in Teams ist ein wichtiger Grundstein für gute Entwicklung und *Selbststeuerung* (Kap. 9). Es erleichtert den Umgang mit Unterschiedlichkeit und beugt Konflikten vor. Die Empfehlungen klassischer

Kommunikationsmodelle sind hilfreich, um in Prozessen in Kontakt zu bleiben (Kap. 10). Die Fähigkeit, Vielfalt, unterschiedliche Perspektiven, Unvorhersagbarkeit oder temporär empfundenes Chaos – wie wir es im *Change* häufig beobachten – konstruktiv zu nutzen, um agil auf neue Herausforderungen zu reagieren, ist eine zentrale Säule der *Resilienz* von Organisationen (Kap. 11).

Aus den hier (in Kap. 12) zusammengefassten Forschungsarbeiten wird offensichtlich, dass Teams nachhaltig von einer positiven Emotionalität profitieren. Positiver Affekt wird durch hohe Unsicherheit im *Change* gefährdet, da oft Grundbedürfnisse wie Kontrolle, Bindung und Autonomie (vgl. Ryan und Deci 2000) sowie wesentliche persönliche Werte bedroht sind. Daher hat kontinuierliche transparente interne Kommunikation im *Change* einen besonders hohen Stellenwert für die Wahrung dieser Bedürfnisse und die Aufrechterhaltung der individuellen Leistungsfähigkeit und Leistungsbereitschaft.

Innere Klarheit über die eigenen Ziele und Werte zu erlangen wird nur wirklich gelingen, wenn die übergeordnete Unternehmenskultur ebenso wie die Zwischenebene der direkten Kommunikation von Vertrauen, wechselseitiger Offenheit und Respekt geprägt sind. Gerade während akuter Veränderungsprozesse in Organisationen sehen wir die Verantwortung für diese Kultur maßgeblich bei der obersten Führungsebene. Verantwortung trägt aber auch jeder Einzelne im direkten Kontakt mit den Kollegen, die im gleichen Boot sitzen.

Bindung und wechselseitige soziale Unterstützung können eine wertvolle *Ressource* im Umgang mit geringer Vorhersagbarkeit und hoher Komplexität sein, vor allem wenn Kampf, Flucht oder Freezing keine sinnvollen Alternativen darstellen.

Solange alle längerfristig enorme Mehrbelastungen aufzufangen versuchen, z. B. weil Stellen nicht nachbesetzt werden, wird sich daran kaum etwas ändern. Vorübergehende Mehrbelastung kann tragbar sein, wenn anschließend eine Phase der Entlastung folgt, dauerhafte Mehrbelastung hat gravierende negative Folgen, auf sämtlichen Ebenen. Auch dies müssen sich leitende Führungskräfte bewusst machen. Sich als Individuum in schwierigen Situationen nicht abzuschotten oder durch eine grenzenlose Übernahme von Zusatzaufgaben hervortun zu wollen, sondern entlang der selbst definierten Balance aus Erfolgsorientierung und Selbstfürsorge immer wieder neu klare Entscheidungen zu treffen und im Dialog offen mitzuteilen, kann Kontrollerleben bewahren und – wie Lars' Initiative im Fallbeispiel 10.2 – positive Kettenreaktionen bewirken und Vorbildfunktion für andere haben.

Wie in Abb. 12.1 dargestellt, stabilisieren sich die individuelle Ebene, die der direkten Kommunikation und die der Systemkultur durch ihre dynamische *Interdependenz* wechselseitig – im Positiven wie im Negativen. Sobald positive Impulse in Form von Sicherheit, Transparenz und Vertrauen in einer dieser Komponenten gesetzt sind, kann Entwicklung stattfinden.

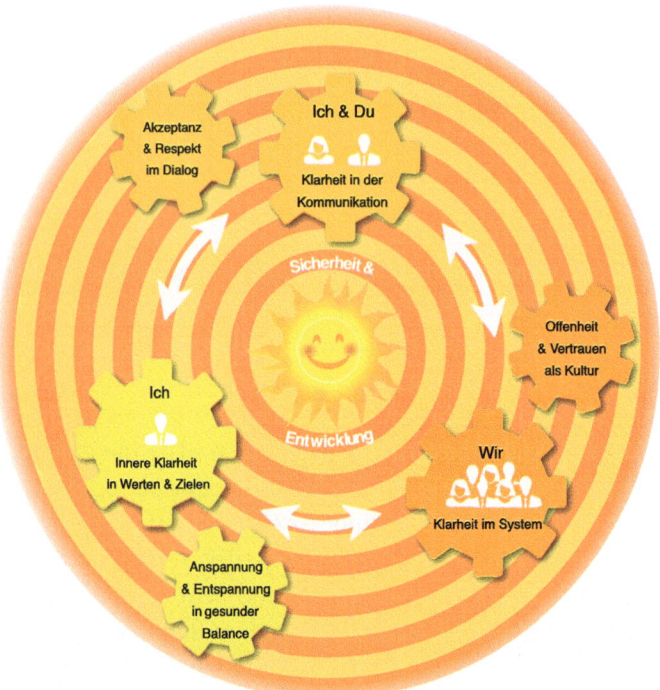

Abb. 12.1 Die Bedeutung eines zwischenmenschlich warmen, positiven Klimas als tragender Hintergrund und Katalysator im Drei-Ebenen-Modell gesunder Klarheit

---

Fazit

Persönlich wahrgenommene Sicherheit, klare individuelle Werte und Ziele, klar im Dialog kommunizierte Grenzen und eine klare Wertekultur im System bedingen sich wechselseitig und sind an allen Schnittstellen interdependent miteinander vernetzt. Sie können in *volatilen* Kontexten wie der *Arbeitswelt 4.0* teamorientiert gelebt werden, wenn sie einerseits von oben kulturell getragen werden, und andererseits jeder Einzelne seine persönliche Verantwortung in seiner täglichen Mitgestaltung aktiv wahrnimmt. Prozesse wie die immer weiter und schneller fortschreitende Automatisierung und *Digitalisierung* schaffen Raum für die Rückbesinnung auf genuin menschliche Werte und Kompetenzen (Sprenger 2018). Stellen im System echtes Interesse aneinander, Vielfalt, Offenheit und Vertrauen von allen geteilte Werte dar, wird es auf allen Ebenen leichter möglich, eine gute Balance zu finden. Diese Balance ist erstrebenswert erstens zwischen Anspannung und Entspannung (Teil I), zweitens zwischen innehaltender Orientierung zur Klärung von persönlichen Zielen und deren Übersetzung in aktives Handeln (Teil II) und drittens zwischen der Achtung der eigenen Bedürfnissen und derer des Gegenübers in der direkten Kommunikation klarer Grenzen durch Nein sagen, Delegation und Feedback (Teil III), wodurch viertens eine dynamische Balance zwischen den verschiedensten Perspektiven und Interessen auf Makroebene erreicht werden kann (Teil IV). Umgekehrt trägt „von unten" jeder Einzelne zum Aufbau und Erhalt einer solchen Wertekultur bei, die auch in schwierigen Zeiten entschlossen weiterlebt und so humanistische Impulse im System setzt, Vorbild für andere ist und eine positive Dynamik im Sinne Fredricksons (2001; 2013) auslösen kann. Durch diese Balance auf allen Ebenen entsteht Raum für eine nachhaltige gemeinsame Erfolgsorientierung in Organisationen, in der Sicherheit und konsequenter Respekt vor den Belastungsgrenzen des Einzelnen einerseits und Entwicklung hin zu Exzellenz, Kreativität und Innovation andererseits keinen Widerspruch darstellen, sondern positive *Synergien* bilden.

Literatur

Crowe, E., & Higgins, E. T. (1997). Regulatory focus and strategic inclinations: Promotion and prevention in decision-making. *Organizational Behavior and Human Decision Processes, 69*(2), 117–132.

Diener, E. (1984). Subjective well-being. *Psychological Bulletin, 95*, 542–575.

Endres, M. L., Camp, R., & Milner, M. (2015). Is ambiguity tolerance malleable? Experimental evidence with potential implications for future research. *Frontiers in Psychology*, 6, 619. [www-Dokument]. Verfügbar unter http://dx.doi.org/10.3389/fpsyg.2015.00619 (abgerufen am 14.4.2018).

Fazio, R. H., Eiser, J. R., & Shook, N. J. (2004). Attitude formation through exploration: valence asymmetries. *Journal of Personality and Social Psychology*, 87(3), 293–311.

Förster, J., & Higgins, E. T. (2005). How global versus local perception fits regulatory focus. *Psychological Science, 16*(8), 631–636.

Folkman, S., & Moskowitz, J. T. (2000). Positive affect and the other side of coping. *American Psychologist, 55*(6), 647–654.

Fredrickson, B. L. (1998). What good are positive emotions? *Review of General Psychology, 2*(3), 300–319.

Fredrickson, B. L. (2001). The role of positive emotions in positive psychology: The broaden-and-build theory of positive emotions. *American Psychologist, 56*(3), 218–226.

Fredrickson, B. L. (2013). Positive emotions broaden and build. *Advances in Experimental Social Psychology, 47*(1), 1–53.

Fredrickson, B. L., & Losada, M. F. (2005). Positive affect and the complex dynamics of human flourishing. *American Psychologist, 60*(7), 678–686.

Gable, S. L., & Haidt, J. (2005). What (and why) is positive psychology? *Review of General Psychology, 9*(2), 103–110.

Goldberger, A. L., Rigney, D. R., & West, B. J. (1990). Chaos and fractals in human physiology. *Scientific American, 262*(2), 42–49.

Higgins, E. T. (1998). Promotion and prevention: Regulatory focus as a motivational principle. *Advances in Experimental Social Psychology, 30*, 1–46.

Isen, A. M., & Daubman, K. A. (1984). The influence of affect on categorization. *Journal of Personality and Social Psychology, 47*, 1206–1217.

Kahn, B. E., & Isen, A. M. (1993). The influence of positive affect on variety seeking among safe, enjoyable products. *Journal of Consumer Research, 20*(2), 257–270.

Losada, M. (1999). The complex dynamics of high performance teams. *Mathematical and computer modelling, 30*(9-10), 179–192.

Losada, M., & Heaphy, E. (2004). The role of positivity and connectivity in the performance of business teams: A nonlilnear dynamics model. *American Behavioral Scientist, 47*(6), 740–765.

Luthans, F. (2002). The need for and meaning of positive organizational behavior. *Journal of Organizational Behavior, 23*(6), 695–706.

Lyubomirsky, S., King, L., & Diener, E. (2005). The benefits of frequent positive affect: Does happiness lead to success? *Psychological Bulletin, 131*, 803–855.

Molter, H., & Nöcker, K. (2012). Coaching-Tool: Das Raummodell als Landkarte für Coaching-Prozesse. *Coaching-Magazin, 2*, 38–41.

Ryan, R. M., & Deci, E. L. (2000). Self-determination theory and the facilitation of intrinsic motivation, social development, and well-being. *American Psychologist, 55*(1), 68–78.

Seligman, M. E. P. (1999). The president's address. *American Psychologist, 54*, 559–562.

Seligman, M. E. P., & Czikszentmihalyi, M. (2000). Positive psychology: An introduction. *American Psychologist, 55*, 5–14.

Sprenger, R. K. (2018). *Radikal digital. Weil der Mensch den Unterschied macht*. München: DVA.

Thayer, J. F., Åhs, F., Fredrikson, M., Sollers III, J. J., & Wager, T. D. (2012). A meta-analysis of heart rate variability and neuroimaging studies: implications for heart rate variability as a marker of stress and health. *Neuroscience & Biobehavioral Reviews, 36*(2), 747–756.

Glossar

Hier finden Sie kurze Erläuterungen zu im Text vorkommenden Fachbegriffen und weniger geläufigen Fremdwörtern, sofern diese dort nicht bereits explizit im jeweiligen Kapitel erklärt werden. Die Glossarerläuterungen erheben nicht den Anspruch einer allgemeingültigen wissenschaftlichen Definition, sondern sollen lediglich dem Verständnis dienen, in welcher Bedeutung der Begriff hier im jeweiligen Kontext verwendet wird. Glossarbegriffe sind im Text kursiv gesetzt.

Agilität Fähigkeit, flexibel, antizipativ und initiativ zu handeln

Akronym Sonderfall einer Abkürzung, die aus Anfangsbestandteilen von Wörtern gebildet ist

Ambiguität (Adj. ambig) Doppel- oder Mehrdeutigkeit

Ambiguitätstoleranz die Fähigkeit, Doppel- oder Mehrdeutigkeit gut zu ertragen oder als interessant und anregend zu empfinden

© Springer-Verlag GmbH Deutschland, ein Teil von Springer Nature 2019
K. Mierke und E. van Amern, *Klare Ziele, klare Grenzen*,
https://doi.org/10.1007/978-3-662-56826-2

Ambivalenz wörtlich Doppelwertigkeit, Hin- und Hergerissen-sein zwischen mehreren Optionen

Antizipation gedankliche Vorwegnahme

Arbeitswelt 4.0 Anpassung an die Herausforderungen des digitalen Zeitalters als vierte Stufe des Wandels nach Beginn der Industriegesellschaft, Massenproduktion und Konsolidierung des Sozialstaats in westlichen Industrienationen

Assoziation unwillkürliche gedankliche Verknüpfung

Autonomie Selbstbestimmung, Unabhängigkeit oder Entscheidungsfreiheit

Bodyfeedback rückgekoppelte Information aus dem eigenen körperlichen Zustand (z. B. Anspannung oder Entspannung, Haltung, Mimik, Herzfrequenz)

Brainstorming freie Sammlung zunächst nicht zu bewertender Ideen, allein oder in Gruppen

Brainwriting schriftliches Brainstorming, dadurch ist paralleles Arbeiten in Gruppen möglich und die Abwesenheit von Bewertung (z. B. auch durch *nonverbales* Feedback anderer Gruppenmitglieder) sichergestellt

Burnout Zustand inneren Ausgebranntseins, häufig infolge hoher (emotionaler) Belastung, Erschöpfungsdepression

Chairperson Fürsprecher

Change umfassende, bereichsübergreifende und inhaltlich weitreichende Veränderung in Organisationen zur Umsetzung neuer Strategien, Strukturen, Systeme, Prozesse oder Verhaltensweisen

Cluster Gruppe ähnlicher Elemente

Commitment inneres Engagement, Einsatzbereitschaft, Identifikation

Corporate Social Responsibility (CSR) Engagement von Unternehmen in sozialen oder nachhaltigen Projekten

Degeneration Rückgang von einem hohen Niveau auf ein geringeres

Digitalisierung Transformation von analogen in digitale Strukturen und Prozesse

duale Prozess-Theorien Oberbegriff für psychologische Modelle, die zwei Arten der mentalen Verarbeitung von Information annehmen und beschreiben

Elaboration Ausarbeitung oder vertiefte Informationsverarbeitung

Empathie Fähigkeit und Bereitschaft, Empfindungen anderer zu verstehen

empirisch auf die Erhebung von Daten und deren Analyse gestützt oder ausgerichtet

Erwartungserwartungen Erwartungen darüber, was ein anderer erwarten könnte

Explorationsfreude Freude am Erkunden von Neuem

external auf die Außenwelt bezogen (hier im Kontext der Verortung von Ursachen oder Kontrolle)

Flow Mentaler Zustand vollständigen Aufgehens in einer Tätigkeit, charakterisiert durch hohe, anstrengungslose Konzentration, Selbstvergessenheit und Verlust des Zeitgefühls

Gratifikationen Sonderzuwendungen des Arbeitgebers als Anerkennung für geleistete Dienste (über das reguläre Arbeitsentgelt hinaus)

Heuristiken vereinfachende Denkstrategie für effizientere Urteile und Problemlösungen, die schneller, aber auch fehleranfälliger ist als ein Algorithmus

High Performer herausragende Leistungsträger

Induktion Herbeiführung

Interdependenz wechselseitige Abhängigkeit

internal auf das Innere bezogen (hier im Kontext der Verortung von Ursachen oder Kontrolle)

Job-Enrichment inhaltliche Anreicherung von Aufgabengebieten mit dem Ziel, Kompetenzaufbau zu fördern

Job-Enlargement Erweiterung von Aufgabengebieten mit dem Ziel, Kompetenzaufbau zu fördern

katalysieren beschleunigen, erleichtern

Konsistenz Stimmigkeit

Kontrollerwartung Überzeugung zur Verortung von Kontrolle über Handlungen und Ereignisse

Konvergenz Zusammenführung von vorher Unterschiedlichem

Makroebene Betrachtung im Großen Ganzen (z. B. Gesellschaft, Kultur, Organisation)

Maxime Grundsatz, Leitsatz

Mediation strukturiertes Verfahren zur Beilegung eines Konfliktes, bei dem neutrale Dritte die Konfliktparteien im Lösungsprozess begleiten

Mikroebene Betrachtung im Kleinen (z. B. in der direkten Interaktion oder innerhalb von Person oder Prozess)

Modi Plural von Modus, Art und Weise

multivalent mehrwertig, mehrere Deutungen zulassend

nonverbal (ggf. eine verbale Botschaft begleitende) sprachfreie Kommunikationskanäle (z. B. Gestik, Mimik, Blickkontakt oder Körperhaltung)

Norm eine Werte- und Verhaltensregel innerhalb einer Gesellschaft oder Gruppe, was als üblich oder anerkannt gilt

Parasympathikus Nerv bzw. Subsystem im vegetativen Nervensystem, für Entspannung zuständig

paraverbal eine verbale Botschaft begleitende Klangmerkmale gesprochener Information (z. B. Stimmlage, Betonung oder Lautstärke)

Performance Ausführung, Umsetzung, Leistung

phylogenetisch bezogen auf die stammesgeschichtliche Entwicklung aller Lebewesen oder bestimmter biologischer Arten

Präsentismus Arbeiten trotz (krankheitsbedingter) Arbeitsunfähigkeit

Prävention Vorbeugung

Prestige gesellschaftliches Ansehen, Ruf

Priorisierung Prioritäten setzen, Themen oder Aufgaben nach Bedeutsamkeit in eine Rangreihe bringen

proaktiv im Vorfeld die Initiative ergreifend oder handelnd

Profitabilität Gewinnträchtigkeit

Prozessparameter Rahmenbedingungen, die Einfluss auf einen Verlauf nehmen

Resilienz Widerstandsfähigkeit gegenüber schädigenden Umwelteinwirkungen

Ressource Kraft- oder Energiequelle, Mittel oder Eigenschaft, die bei der Bewältigung von Herausforderungen hilfreich sein kann

Sanktion Bestrafung

Selbstinstruktion Anweisung an die eigene Person

Selbststeuerung Fähigkeit, die eigene Aufmerksamkeit, Bedürfnisse, Gefühle, Gedanken und Handlungen zu lenken

Selbstwirksamkeitserwartung Erwartung einer Person, Handlungen erfolgreich ausführen und damit gewünschte Ziele aufgrund eigener Fähigkeiten oder Fertigkeiten erreichen zu können (Ergebniserwartung)

sensorisch sich auf die Sinne beziehend

simultan gleichzeitig

situativ auf die aktuelle Lage mit all ihren konkreten raum-zeitlichen und sonstigen Rahmenbedingungen bezogen

sondieren vorsichtig erkunden

stagnieren erstarren, aus einer Bewegung heraus innehalten

Stakeholder Interessenspartei

Start-up eine (junge) Unternehmensgründung mit einer innovativen Geschäftsidee und hohem Wachstumspotenzial

Stressor Umweltreiz, der bei Einwirken auf ein Individuum Stress auslösen kann

Sympathikus Nerv bzw. Subsystem des vegetativen Nervensystems, für Anspannung und Aktivierung zuständig

Synergie durch Bündelung oder Zusammenführung von Kräften entstehender, über die Summe der Teile hinausgehender Energiegewinn

trivial banal, alltäglich, ohne besonderen Stellenwert

validieren die Gültigkeit absichern

Volatil unbeständig, schnell veränderlich

VUKA Akronym aus *volatil,* unsicher, komplex und *ambig* oder *ambivalent,* populäre Bezeichnung für Faktoren, die das aktuelle Welt- und Wirtschaftsgeschehen prägen

Ihr Bonus als Käufer dieses Buches

Als Käufer dieses Buches können Sie kostenlos das eBook zum Buch nutzen.
Sie können es dauerhaft in Ihrem persönlichen, digitalen Bücherregal
auf **springer.com** speichern oder auf Ihren PC/Tablet/eReader downloaden.

Gehen Sie bitte wie folgt vor:

1. Gehen Sie zu **springer.com/shop** und suchen Sie das vorliegende Buch
   (am schnellsten über die Eingabe der eISBN).
2. Legen Sie es in den Warenkorb und klicken Sie dann auf:
   zum Einkaufswagen/zur Kasse.
3. Geben Sie den untenstehenden Coupon ein. In der Bestellübersicht wird
   damit das eBook mit 0 Euro ausgewiesen, ist also kostenlos für Sie.
4. Gehen Sie weiter **zur Kasse** und schließen den Vorgang ab.
5. Sie können das eBook nun downloaden und auf einem Gerät Ihrer Wahl lesen.
   Das eBook bleibt dauerhaft in Ihrem digitalen Bücherregal gespeichert.

EBOOK INSIDE

978-3-662-56826-2
mpC7Ny3kHNKpRgK

eISBN
Ihr persönlicher Coupon

Sollte der Coupon fehlen oder nicht funktionieren, senden Sie uns bitte
eine E-Mail mit dem Betreff: **eBook inside** an **customerservice@springer.com**.